高等学校建筑环境与能源应用工程专业规划教材

建筑环境与能源应用工程概论

Introduction to Building Environment and Energy Engineering

龙恩深　编著

中国建筑工业出版社

图书在版编目（CIP）数据

建筑环境与能源应用工程概论/龙恩深编著. —北京：
中国建筑工业出版社，2015.9
高等学校建筑环境与能源应用工程专业规划教材
ISBN 978-7-112-18342-5

Ⅰ.①建…　Ⅱ.①龙…　Ⅲ.①建筑工程-环境管理-
高等学校-教材　Ⅳ.①TU-023

中国版本图书馆 CIP 数据核字（2015）第 176626 号

责任编辑：张文胜　姚荣华
责任设计：张　虹
责任校对：张　颖　姜小莲

高等学校建筑环境与能源应用工程专业规划教材
建筑环境与能源应用工程概论
龙恩深　编著

*

中国建筑工业出版社出版、发行（北京西郊百万庄）
各地新华书店、建筑书店经销
霸州市顺浩图文科技发展有限公司制版
环球印刷（北京）有限公司印刷

*

开本：787×1092 毫米　1/16　印张：11½　字数：275 千字
2015 年 8 月第一版　　2015 年 8 月第一次印刷
定价：**29.00** 元
ISBN 978-7-112-18342-5
（27554）

内 容 简 介

本书分10章对更名后的建筑环境与能源应用工程专业在新时代背景下的新内涵进行了系统剖析；基于高中数理化知识、冷热感受与环境体验，介绍了将伴随学生整个专业生涯的基本常识；从建筑环境特性及调控原理，建筑环境工程概论，建筑环境的健康与安全，建筑能源的生产、交换与输配原理，建筑能源应用工程概论，建筑区域能源规划概论及建筑自动智能化等8大板块系统介绍了相关专业入门的基本知识；回答了大学学习应该重点关注的专业和职业教育问题。

本书为建筑环境与能源应用工程专业的新生专业入门教育而编写。它可作为有关大专院校师生及工程设计人员的学习参考书，也可作为相关设备安装、管理调试、维修人员的培训和自学教材。

配套资源下载说明

本书配套资源请进入 http：//book. cabplink. com/zydown. jsp 页面，搜索图书名称找到对应资源点击下载（注：配套资源需免费注册网站用户并登录后才能完成下载，资源包解压密码为本书征订号27554）。

前　言

继 20 世纪 70 年代后期专业名称由"供热通风"改为"供热通风与空调工程"，1998 年又更名为"建筑环境与设备工程"，2012 年教育部发布新的本科专业目录再次更名为"建筑环境与能源应用工程"。每次更名的时间间隔在缩短，说明专业日新月异、发展步伐加快；名称更迭反映了时代发展和社会需求，专业的内涵也紧跟国家战略需求在不断拓展。

准确理解专业新名称和新时代背景下的新内涵，对专业知识体系和专业能力培养体系的构建至关重要。本书从建筑发展史和近现代科技史的角度，剖析了产生建筑环境问题的根源，阐述了专业新内涵与国家发展战略及人类环保诉求的高度一致性。本专业学生如能树立服务国家和社会需求的使命感和责任感，个人职业生涯和事业发展就插上了腾飞的翅膀。

围绕专业新内涵，本书首先基于高中数理化知识，从专业角度介绍温度、热的概念，讲解建筑环境和能源转化的物质载体、最基本物质（水和大气）的特性以及能源转化及应用必须遵循的基本规律等专业常识；继而从建筑环境特性及调控原理，建筑环境工程概论，建筑环境的健康与安全，建筑能源的生产、交换与输配原理，建筑能源应用，建筑区域能源规划及建筑自动智能化等板块向学生传递专业入门的基本知识。最后回答了大学学习应该重点关注的专业教与学、职业素养修炼等问题。

本书为初涉专业的大一新生或大二学生（大类招生）编写。作者不求让学生学到过多具体的专业知识，但求对本专业的全局问题有深刻的领悟，熟谙各板块专业知识的内在联系，特别是从科学史、城镇化进程、专业发展史角度认识专业未来发展趋势和广阔的发展前景，培养学生专业自豪感，建立对专业学习研究、回馈社会的兴趣和激情，将专业精髓注入学生的职业机体。

四川大学建筑环境与能源应用专业诞生与专业更名巧遇，作者试图将专业新内涵的个人心得注入人才培养体系。本书的内容曾在四川大学 2012 年、2013 年两届学生专业概论课中试授，取得了较好的效果。在编撰出版过程中，全国高校建筑环境与能源应用工程专业评估委员会主任、中国建筑设计研究院潘云钢总工，专业评估委员会委员、中国建筑西南设计研究院戎向阳总工，全国高校建筑环境与能源应用工程专业指导委员会副主任、重庆大学付祥钊教授，全国高校建筑环境与能源应用工程专业指导委员会委员、专业评估委员、东华大学沈恒根教授，重庆大学肖益民教授及中国建筑西南设计研究院徐明顾问总工等对本书提出了若干建设性意见和建议，在此表示衷心感谢！在资料收集和整理过程中，韩如冰、王军、王子云、马立等老师，李彦儒、王彩霞、颜彪等博士生，王索、陈勇、孟宪宏等硕士生做了大量工作，2012级、2013级明阳、安康等10余位同学分别通读了初稿并提出了意见，在此一并致谢！

作为专业的入门教材，其重要性不言而喻。入门教材需对专业内涵和专业知识体系具有深刻而准确的理解，更需对专业教育和能力培养各个环节有高屋建瓴的提炼升华。作者深知自己才疏学浅，但因四川大学专业教学确需一本能综合反映专业内涵的读本，本人思慎再三，才把不太成熟的所思所想编纂付印，抛砖引玉，以便听取批评，改进完善。书中观点定有不少谬误，恳请读者斧正。

编著者
2015 于川大

目 录

第1章 绪 论

建筑环境与能源应用工程（Building Environment and Energy Engineering）属于工学土木类本科专业之一，对应的研究生授予学位专业为供热、供燃气、通风及空调工程，主干学科为工学一级学科土木工程。

建筑环境与能源应用工程专业的任务是以建筑为主要对象，在充分利用自然能源的基础上，采用人工环境与能源利用工程技术去创造适合人类生活与工作的舒适、健康、节能、环保的建筑环境和满足产品生产与科学实验要求的工艺环境，以及特殊应用领域的人工环境（如地下工程环境、国防工程环境、运载工具内部空间环境等）。随着社会经济发展和科技进步，人类居住、产品生产等对建筑环境的要求逐渐提高，建筑能耗快速增长，对建筑环境与能源应用工程专业的人才培养与科学研究提出了更高的要求，人才需求也不断增长，本专业具有良好的就业前景。

为了帮助同学们全面了解本专业，首先要弄清研究对象——建筑与建筑环境。

1.1 建筑与建筑环境

1.1.1 什么是建筑？

建筑是建筑物与构筑物的总称，是人们利用泥土、砖、瓦、石材、木材、钢材、玻璃、芦苇、塑料、冰块、钢筋混凝土、型材等一切可以利用的建筑材料，并运用一定的科学规律、技术手段和美学法则建造的供人居住、工作、学习、生产、经营、娱乐、储藏物品以及进行其他社会活动的工程，如住宅、厂房、体育馆、窑洞、水塔、寺庙、隧道、桥梁、码头等。广义上来讲，景观，园林也是建筑的一部分。更广义地讲，动物有意识建造的巢穴也可算作建筑。但本专业涉及的建筑对象主要是具有特定空间且对其内部空间环境具有某些特殊要求的建筑，例如，民用建筑、工业建筑、农业建筑、地下空间、运载工具（飞机、火车、轮船、太空飞船、核潜艇等）内部空间等。对于没有内部空间或对内部空间环境没有特定要求的构筑物（如长城、大桥、纪念碑），不在本专业研究之列。

1.1.2 什么是建筑环境？

要把本专业所研究的建筑环境说清楚，还得从广义的环境说起。

广义而言，环境是指"围绕主体而存在的一切事物"，而人是地球、城市、建筑的主体。人类的环境分为自然环境和社会环境。自然环境包括大气环境、水环境、生物环境、地质和土壤环境以及其他自然环境；社会环境包括居住环境、生产环境、交通环境、文化环境和其他社会环境。通俗地讲，所谓环境，涵盖了每个人在日常生活中面对的一切。生活空间提供给人们呼吸所需的空气；江河湖泊或地下水，成为可供人们饮用的淡水；餐桌上的瓜果菜粮从土地中生长出来。仔细想想每天从早到晚的生活，我们消耗水、电、煤（或天然气、薪柴）、汽油（开车乘车的人）、食物及洗涤用品等，使用棉制品（如床单、衣服）、木制品（如家具）、金属制品（如菜刀）、玻璃制品（如杯子）、石油制品（如塑料）等，这些习以为常的消费都来自大自然，它们在生产、加工过程中，往往还需要耗用大量淡水和煤炭、石油等能源。我们靠环境供给的一切生活着。

什么是生态环境？生态环境是指由生物群落及非生物自然因素组成的各种生态系统所构成的整体，主要或完全由自然因素形成，并间接地、潜在地、长远地对人类的生存和发展产生影响。生态环境的破坏，最终会导致人类生活环境的恶化。因此，要保护和改善生活环境，就必须保护和改善生态环境。我国环境保护法把保护和改善生态环境作为其主要任务之一，正是基于生态环境与生活环境的这一密切关系。生态环境与自然环境是两个在含义上十分相近的概念，有时人们将二者混淆，但严格说来，生态环境并不等同于自然环境。自然环境的外延比较广，各种天然因素的总体都可以说是自然环境，但只有具有一定生态关系构成的系统整体才能称为生态环境。仅有非生物因素组成的整体，虽然可以称为自然环境，但并不能叫作生态环境。从这个意义上说，生态环境仅是自然环境的一种，二者具有包含关系。

什么是生活环境？生活环境是指与人类生活密切相关的各种自然条件和社会条件的总体，它由自然环境和社会环境中的物质环境所组成。严格说来，社会环境中的精神环境不属于环境保护法所保护的环境。生活环境按其是否经过人工改造来划分，可分为自然环境和人工环境。自然环境是各种天然因素的总体。如与人类生活密切相关的空气、水源、土地、野生动植物等。人工环境是指经过人工创造的用于人类生活的各种客观条件。如用于人类生活的建筑物、公园、绿地、服务设施，温暖、凉爽的室内环境等。生活环境按其从小到大划分，可分为居室环境、院落环境、村落环境、城市环境等。按其用途可分为休息环境、劳动环境、学习环境、工作环境、旅游环境等。生活环境的优劣与每个人生活质量的好坏息息相关。

什么是建筑环境？按照"环境"的概念来讲，建筑环境就是指围绕着建筑、并对建筑的存在与发展产生影响的一切外界事物。建筑环境包括室内环境与室外环境，以及建筑之间的空间环境，具体地讲，是指它们的热湿环境、声环境、光环境、空气流动与品质环境，而建筑热湿环境主要是指室内空气的温度、湿度和各内表面温度。这些环境要素在自然气候和人类活动的耦合作用下，并不能完全满足人类生活与工作的舒适、健康、高效的需要，不能满足产品生产与科学实验的工艺环境要求，需要在充分利用自然能源的基础上，采用人工环境与能源利用工程技术去创造人们期望的环境。因此，本专业研究的建筑环境是为了营造人类所需环境，更具有目的性和针对性，其含义用英文表达更为确切：Building Environment。例如，冬季室内气温寒冷干燥时，可以通过加热升温和加湿的方式营造一个温暖如春的环境；夏季室内炎热潮湿时，可以通过制冷降温和除湿的技术创造一个凉爽宜人的清凉世界；在黑暗的夜晚，利用光环境技术为城市和建筑空间营造一个璀璨夺目或照度适宜的休闲生活环境；在喧嚣中运用声环境技术营造一个静谧的学习生活环境。又如，空气中的尘埃不仅对人的健康不利，而且会影响生产工艺过程的正常进行和影响室内壁面、家具和设备的清洁，还会恶化某些空气处理设备的处理效果（如加热器，冷却器的传热效果）。某些生产工艺过程，除对空气的温湿度有一定要求外，还对空气的洁净程度有要求。因此，空气在送入室内之前，除进行热、湿处理外，还可能要对其进行净化处理。净化处理主要控制空气中的悬浮颗粒物，以保证产品的高质量、高精度、高纯度和高成品率。此外，有时还需对空气进行杀菌、除臭和增添负离子，以进一步改善空气的品质。

根据上述对专业涉及建筑与建筑环境的内涵界定，建筑对象宏观上可涵盖区域规划、城市（镇）规划、景观设计各类建筑内部空间及其建筑之间空间的集合体；微观上也可包括规划区域内各类建筑内部空间及其建筑之间空间的集合体；微观上可以指一幢建筑内部各功能空间及房间。宏观建筑环境对中观建筑环境有直接的影响；中观建筑环境又对微观建筑环境有密切的相关性；因此，在人工营造细观建筑环境时，不可避免地会涉及中观或宏观建筑环境，尽管中观或宏观建筑环境很难人工营造，但是，可以通过建筑的规划布局等被动式技术手段的应用，降低城市热岛、污浊岛效应，改善小区风环境、声环境，进而为营造更佳的建筑室内环境提供有利的外部条件。

1.2 建筑环境问题的由来

根据《中国大百科全书（第二版）》，人类的历史已有 600 万年了，而河姆渡遗址发现的干栏式建筑遗迹迄今已有 7000 年。但是，为什么建筑环境问题在最近几十年才暴露出来而且越来越受到人们的关注呢？这可以从建筑的演进和发展史找到答案。

1.2.1 建筑源于生存需求

建筑是人类发展到了一定阶段后才出现的。人类从事建筑的最原始、最直接的动因是为了居住，满足人的生产活动和生存需要。人类经历了由穴居野处、构木为巢到建造房屋的过程。在远古的巢居、穴居时代，建筑的基本功能是防卫、御寒和遮风避雨。随着社会文明与进步，建筑的演进从被动适应到主动采取措施、改善人造空间环境质量、展示建筑的文化品位和艺术风格。

建筑是人类适应相对寒冷气候的产物。人类在从低纬度的热带雨林地区向寒带高纬度地区逐渐迁徙的过程中，利用建筑来适应不同气候，是人类适应与抗衡自然环境的最初体现。考古学家发现，人类活动的发展是从低纬度地区向高纬度地区扩展的。越是高纬度地区，出现人类遗址的时间就越晚。因为人类发源于热带雨林，在这个区域，人类不需要建筑就可以生存。随着建筑的出现，人类的活动逐渐向两极移动，直到科技高度发达的今天，人类活动的足迹几乎遍布全球。

人类最早的居住方式是树居和岩洞居。在热带雨林、热带草原等湿热地区的人类主要栖息在树上，以避免外界的侵害，这是人类祖先南方古猿生活方式的延续（图1-1）。随着人类向温带迁移，人类住所过渡到了冬暖夏凉的岩洞居（图1-2），以适应该地区年温差和日温差都较大的特点。随着历史的发展，树居和岩洞居演进成为巢居和穴居，成为人类建筑的雏形。巢居增加了"构木为巢"的人类创造过程，反映了人类改造自然的努力。半穴居方式可获得相对稳定的室内热环境，侧上部及顶部既可采光又可排烟，适应气候的能力更强。而穴居和巢居又在漫长的历史过程中逐渐发展，演变为不同的建筑类型，如图1-3 所示。

人类在具有一定适应外部环境的建筑知识和技能后，就开始在更大的范围繁衍生息，进而创造出人类的灿烂文明。世界上比较古老的文明，如古埃及、古巴比伦、古印度和古代中国，都位于气候条件相对较好的南北纬度 20°～40°之间，即所谓的中低纬度文明带（图1-4）。

图 1-1　树居

图 1-2　岩洞居

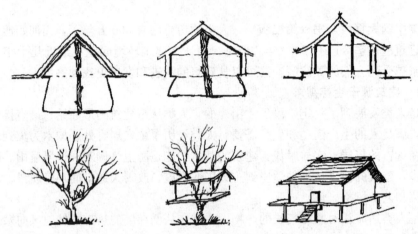

图 1-3　穴居和巢居向不同风格建筑的演变【绘图：方舟】

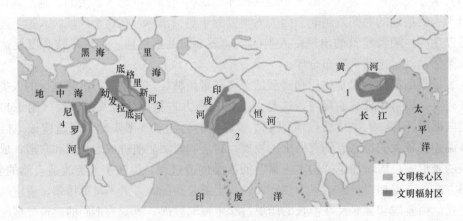

图 1-4　中低纬度文明带

1—中华古文明；2—古印度文明；3—两河文明；4—古埃及文明

1.2.2　建筑在适应气候中发展

随着人类活动范围进一步向高纬度地区扩大，如何适应更加恶劣的自然环境？爱斯基摩人的建筑智慧给予了我们启示。北美洲高纬度地区常年大风不断，是一片冰天雪地的世界。在酷寒的莽原中，生活着数万因纽特人（爱斯基摩人）。由于气温极低，帐篷无法御寒，所以这一地区的爱斯基摩人建造了有名的圆顶雪屋，迁入地下居住。建造雪屋的第一步是选择一个开阔、向阳的平地，再确定一个具体的地基，然后就用锐利的刀将冰雪切割成各种规格的大雪砖，这样就可以砌雪屋了。以后，每叠加一圈，向内收缩一点，圆圈越来越小，最后形成一个封闭的、半球形的圆顶。在南面一方开一小窗，小窗上方伸出一块板形的雪块，可掩挡雪花飘打窗户，亦可折射太阳光线，使其能直照室内，而不是照在北面的大雪砖上。因为冬天，北极圈周围的太阳角度太低，光线有时几乎是从南方的地平线上斜照过来，所以，窗户上方的这块大雪板正好是一个折光镜，让太阳把屋内照亮。雪屋是圆形的，不但可以阻挡刺骨的寒风，还能保护屋顶，使它不会融化。雪屋深挖洞、浅筑顶的做法，使得人们冬日居于地下，要比居于地上相对温暖一些。雪屋建成了，为了防风雪，御寒冷，因纽特人往往还要在半球形的屋顶上盖一层厚厚的野草，再覆以一层海豹皮；同时在屋内螺旋形的墙壁上到处挂满兽皮，亦可防寒。另一御寒方法就是遮蔽窗户，一般是用透明的海兽肠子作遮蔽物，这种窗户只透光不透气，很具特色。在雪屋里，因纽特人还生起炉火来驱寒取暖，他们用石块凿成一个石炉子，里面盛满海兽榨出来的油，用兽毛搓成灯芯，点燃后，即使室外是摄氏零下三四十度的低温，屋内还是挺暖和的。有些雪屋根本没有门，而是在盖好雪屋后从地下挖掘一条通道作为门，这样室内就更暖和了（图 1-5）。

图 1-5　爱斯基摩雪屋【绘图：方舟】

可见，古代建筑是人类与大自然（特别是恶劣气候条件）不断抗争的产物。人们在长期的建筑活动中，结合各自生活所在的地形，为了适应当地的气候条件，就地取材、因地制宜创造了各种风格和形式的建筑。除了爱斯基摩雪屋外，在埃及和伊拉克干热地区，由于室外气温高，空气干燥，传统建筑采用厚重的土坯作围护结构，墙厚 340～450mm，室外昼夜温差达到 25℃时，室内温度波动仅 6℃。在我国寒冷的华北地区，由于冬季干冷，夏季湿热，为了能在冬季保暖防寒，夏季防热防雨以及春季防风沙，就出现了"四合院"，而在我国西北、华北黄土高原地区，由于土质坚实、干燥，地下水位低等特殊的地理条件，人们就创造出来"窑洞"来适应当地的冬季寒冷干燥，夏季有暴雨，春季多风沙，气温年较差大的特点（图 1-6）。生活在西双版纳的傣族人民，为了防雨、防湿和防热，以取得较干爽阴凉的居住条件，创造出了颇具特色的"干阑式"竹楼（图 1-7）。

1.2.3　工业革命对建筑环境的影响

自 19 世纪工业革命至今的 200 余年间，现代建筑的发展变化经历了三次重大的技术革命。第一次技术革命是材料技术和结构技术的革命，19 世纪的工业革命提供了现代建

图 1-6　窑洞建筑　　　　　　　　　　　　　图 1-7　干阑式建筑

筑必需的现代手段和新的建筑材料，钢筋混凝土、预制钢构件、平板玻璃等都为现代建筑的实现提供了必需的材料基础。材料和结构技术的革命，对建筑造型艺术所产生的深刻影响，是显而易见的。其中尤其以钢铁、混凝土和玻璃在建筑上的广泛应用最为突出。在房屋建筑上，铁最初应用于屋顶，如 1786 年巴黎法兰西剧院建造的铁结构屋顶以及 1801 年建造的英国曼彻斯特萨尔福特棉纺厂的 7 层生产车间，首次采用了铁结构工字形的断面。另外，为了采光的需要，铁和玻璃两种建筑材料配合应用，在 19 世纪建筑中取得了巨大成就。如巴黎旧王宫的奥尔良廊、第一座完全以铁架和玻璃构成的巨大建筑物——巴黎植物园的温室，而最著名的则是 1851 年建造的伦敦"水晶宫"（图 1-8）。框架结构最初在美国得到发展，其主要特点是以生铁框架代替承重墙，外墙不再担负承重的使命，从而使外墙立面得到了解放。1858～1868 年建造的巴黎圣日内维夫图书馆，是初期生铁框架形式的代表。此外还有：英国利兹货币交易所、伦敦老火车站、米兰埃曼尔美术馆、利物浦议院、伦敦老天鹅院、耶鲁大学法尔南厅等。美国 1850～1880 年间"生铁时代"建造的大量商店、仓库和政府大厦多应用生铁构件门面或框架，如圣路易斯市的河岸上就聚集有 500 座以上生铁结构的建筑，在立面上以生铁梁柱纤细的比例代替了古典建筑沉重稳定的印象，但还未完全摆脱古典形式的羁绊。在新结构技术的条件下，建筑在层数和高度上都出现了巨大的突破，第一座依照现代钢框架结构原理建造起来的高层建筑是芝加哥家庭保险公司大厦，共 10 层，它的外形仍然保持着古典的比例。

　　第二次技术革命是设备技术的革命。20 世纪以来，电梯、自动扶梯、人工照明、水处理、人工通风、空调等新技术不断涌现，从 20 世纪 30 年代前后开始对建筑产生巨大的影响，建筑使用功能与建筑空间的构成模式，都随之发生了根本的变化。这次设备技术的革命，对建筑的影响则由空间造型转向到功能方面。建筑不再受自然环境的限制，交通、朝向、采光、通风、温湿度调节等都可由人工来处理，建筑的功能组织关系发生了重大的变化。第三次技术革命是信息技术革命。20 世纪 70 年代以后计算机、光纤通信、电子技术和节能技术等高新技术进入建筑领域，自动化的楼宇管理系统、防灾报警系统、保安监控系统的发展，以及可持续发展的建筑观和环境意识的确立，使得当今的建筑朝着智能化和生态化的方向发展。与材料、结构技术的革命相比，信息社会里的高技术对建筑造型的直接作用有限，但其潜在的影响却不容忽视。它对建筑的影响不再是空间造型和功能组织关系，而是改变了建筑的内在中枢。科技的进步，使我们战胜了自然，任何可以想象出来的建筑都能够建造出来，任何需要的室内环境都可以营造出来（图 1-9）。

可以发现，建筑材料和构造技术的革命性突破，彻底改写了气候决定建筑形式的历史。这一方面反映了人类发展和技术进步的必然，但另一方面也对建筑环境营造提出了新的要求，其直接后果就是对资源性能源消耗的迅猛增长。因此，工业文明的利与弊是值得本领域深刻反思的。

图 1-8　伦敦"水晶宫"

图 1-9　CCTV 新总部大楼

1.2.4　城市化对建筑环境的影响

产业革命后的 200 多年的人类发展过程，某种程度上就是城市化过程。一方面，城市化的优越性势不可挡。火车、汽车、轮船等交通工具促进了城市间的交往，机器生产提高了生产效率，机器的发明使工人的数量急剧增加，城市规模逐渐扩大，交通设施的发展使城市的联系更为快捷，运输量更大，生产力的提高与人口的增加形成良性循环，生产关系的变革带来城市建设管理的变化，聚集效应和规模效益是城市化的关键，生产的社会化、专业化和大协作，使生产力合理配置，市场的竞争、优胜劣汰，是推动生产力发展的动力，合理的规模使生产达到最佳的经济效益。产业革命催生了将大量工人集中在一起的工厂；工厂附近形成生活居住区和生活服务设施集中村镇——共用设施建设成本低；村镇逐渐发展成为城市，交通、服务、基础设施发达；聚集效应使城市越来越大，现代化的技术和信息及环境要求——带动其他城市的发展，发达、迅速的交通使世界变小了，便捷、迅速的网络、信息技术将世界城市连为一体，生活质量的提高要求有更高标准的消费城市。

另一方面，城市化也带来一系列问题，需要包括本专业在内的人才去解决。交通量急剧增加，车速提高，交通堵塞，消耗大量能源，城市环境恶化；人口急剧增长，城市基础设施不敷使用；大众消费社会形成，生产与生活矛盾日益凸显；空气、垃圾、污水、噪声、电磁波等城市环境污染严重；居住环境不佳，住宅密度过高，舒适性差；交通状况堪忧，停车难、事故多发、堵车严重；自然灾害如地震、火灾、洪水、海啸等造成的危害和损失越来越严重。

我国 2014 年城市化率达到 51.3%，离西方发达国家的 75%～80% 尚有不小的差距。城市化的人口聚集对建筑体量大型化提出越来越高的要求，建筑材料种类和消耗量越来越多，建筑使用过程中能源需求越来越大，导致一系列环境问题：密闭性、空气质量差、军团病、空调综合症、城市热岛效应、能源紧张与枯竭等，未来中国建筑与环境的矛盾将会变得越来越尖锐。图 1-10 是目前亚洲单体建筑面积最大的建筑——176 余万平方米的成都环球中心。该建筑长 800m、宽 500m，占地面积相当于 121 个奥运"鸟巢"标准足球场，如此巨大的室内空间，建筑环境问题的解决是极富挑战性的。

可见，工业文明与城市化带来的负面影响必须通过提倡生态文明来克服。大力发展绿色建筑，倡导建筑适应气候、适度舒适、资源循环利用等是可持续发展的必由之路。

图 1-10 建筑环境极富挑战性的亚洲最大单体建筑——成都环球中心

1.3 建筑环境营造方法及能源应用

要营造健康、舒适、卫生的建筑环境，一般有两种方法：一种是被动式方法，另一种是主动式方法。

1.3.1 建筑环境的被动式营造方法

建筑环境被动式营造方法是指从建筑规划设计角度，通过对建筑朝向的合理布置、建筑体形控制、遮阳的设置、消声吸声技术、自然采光技术、建筑围护结构保温隔热技术的采用、有利于自然通风的建筑开口设计等来实现良好的建筑热、湿、声、光、空气品质环境的营造。

被动式设计方法的核心是因地制宜，目标是建筑适应当地气候。

首先是建筑的朝向。对于不受规划条件约束的建筑，应尽量坐北朝南。其实人类的祖先早就在实践中摸索出来了，只是对其中的科学道理不太明了。为什么呢？因为南向冬天得到的太阳能最大，而夏天太阳辐射最小；南侧留出尺度上许可的室外空间，以利于争取较多的冬季日照和过渡季节的通风。这样，不费吹灰之力就可以大大改善室内建筑环境。

其次是从建筑立面造型与体形系数考虑。所谓建筑立面造型，是指建筑的外观。在城市里，可以看到各种形形色色的建筑，有的立面造型简洁，有的却非常复杂。建筑师从美学角度考虑得更多，但从营造更好的室内环境和节能节材角度，则是去除冗余越简洁越好。为什么呢？让我们从日常体验来解释。冬天在风中行走，什么地方感觉最冷？是耳朵和鼻子。因为它们是面部最突出的"零件"，最容易被风吹，又增加了面部的表面积，所以感觉最冷了。在专业上我们把建筑外表面积与其围合的空间体积之比值称为体形系数，其值越大，就意味着该建筑单位空间对应的外表面越多，当外部很冷时它散发出去的热量就越多，室内温度就越低；夏天炎热时传进去的热量越多，室内温度就越高。因此，建筑师在进行外观设计时注意到了这一点，就对营造更好的室内环境有帮助。

第三是建筑外墙的保温，相当于给建筑穿"羽绒服"。如前面提及，冬天在风中行走，如果穿了"羽绒服"，穿得越厚越好，身体就感觉不冷了，建筑也是一样；但与人不同的是，建筑穿了"羽绒服"，夏天会更凉快，因为外面传进去的热量就少了；建筑需要穿"羽绒服"的地方很多，比如外墙、屋顶、与大气相通的架空楼板等，而且不同的地方"穿"法大不一样。

第四是屋顶和西向的外墙的隔热、外窗的遮阳，相当于给建筑在不同的部位"打伞"，挡住炙热的阳光。不难理解，这些措施肯定也可以使得室内的热环境更好，但它们更适合气候比较炎热的地区，但如果在寒冷地区有太阳的时候，能够把"伞"收起来就完美了。

第五是合理的窗墙面积比。窗户是建筑的"眼睛"，绝对不能少。窗户面积越大，室内的视野越好，美景尽收眼底，且可利用自然光减少人工照明；但由于它是建筑外围护结构最薄弱的部位，热量和冷量最容易通过窗户流失，所以窗户太大，室内热环境就越不好，因此窗户大小要适度。

以上被动式建筑环境营造方法不仅可以使建筑内的热环境受到外界冷热影响更小，波动更小，而且可以使建筑内表面的温度受到外界的影响更小。夏天不会有过热的壁面炙烤感（极端的如帐篷），冬天也不会有过冷的壁面（极端的如冰宫），感觉更加舒适。此外，被动式设计方法还包括外围护结构表面的颜色选择，就如我们如果夏天穿一件深色的衣服，在阳光下会感到更热；屋顶绿化避免被太阳暴晒，外墙垂直绿化可以遮挡夏天太阳照射，若选择冬季落叶的藤蔓植物，又可以得到阳光的温暖；通过自然采光营造室内柔和舒适的光环境；通过自然通风带走室内多余的热量和污浊的空气，减少开启空调的时间等。

被动式设计方法的优点在于在建筑使用过程中不消耗额外的能源就可以获得更好的室内环境；即使有的时候不得不使用空调或供暖等人工调控手段，消耗的能源也会大大降低。但是，被动式技术也可能依赖各种优质材料，如烧结多孔砖、保温隔热材料、保温隔热涂料、高性能门窗、玻璃等，其生产过程也是要消耗大量能源的。

1.3.2 主动式营造方法与能源应用

主动式营造方法是指通过机械电气设备干预手段为建筑提供供暖、空调、通风、照明、空气净化等技术手段实现预期的建筑环境。主动式技术中以优化的设备系统设计，高效的设备选用来实现室内环境的营造。随着建筑规模越来越大，建筑密闭性加强，除了运用被动式技术之外，还需要主动利用新技术手段来获得良好的建筑环境。如：

当室外气温太低，室内需要供暖；

室外气温太高或室内热源发热量太大，需要空调降温；

室外空气太潮湿或室内人员设备散失量太大，就需要除湿；

室内污染物浓度太高，需要送入新风稀释，确保室内空气品质；

建筑空间不可能任何时候都有条件自然采光，对于进深大的建筑，即使白天也需要照明。

可见，主动式营造建筑环境的方法，其代价必然是大量依赖对各种形式能源的应用和消耗。照明、通风一般消耗电力；供暖消耗煤炭、石油、天然气；空调一般消耗电力，也可应用天然气吸收式制冷、制热；除湿可以通过降温的方式，也可以通过溶液吸收除湿，这些建筑环境营造手段的背后都离不开能源。

建筑环境营造方法具有非常强的系统性，主动式与被动式方法是密切相关的，需要多专业配合。如前述的被动式方法，一般由建筑专业主导，专业的新内涵要求本专业的学生也应该学习一些建筑构造、建筑材料方面的基本知识，而主动式方法就完全由本专业来主导了。虽然主动方法的能源消耗不可避免，但不同能源应用方案却是大有学问的。如通过上述被动式方法可以大大减少建筑本身固有的能源需求（负荷）；采用热泵采集建筑周围的空气、土壤、江海湖泊里蕴含的大量可再生能源，用于建筑中的空调供热、供冷，可以付出较小的额外能源代价；同样消耗高品位天然气的化学能，若用它直接燃烧生产热水供热，比用天然气先发电、再用中温能量制冷、低温部分生产热水的梯级利用方式，能源应用的合理性就差多了。可见，建筑能源应用大有学问。

1.4　建筑能源应用与可持续发展

我国在建筑领域里究竟消耗了多少能源呢？让我们首先从世界及我国的能源消耗情况说起。

1.4.1　世界与我国的能源消费结构

能源是人类社会发展的重要基础资源，但地球上化石能源蕴藏量是非常有限的。图1-11是世界一次能源消费结构图，从该图可以发现，世界上石油消耗占比最大，占33%，其次是煤炭，占比30%，再次是天然气，占比24%；还可看出，化石能源仍是世界的主导能源，三项之和约占87%。水电和核电等新能源虽然增长较快，但所占比例依然较低，共约11%。

图1-12给出了我国2013年一次能源消费结构图。从该图可以看出，煤炭在我国的能源消费结构中占67%，在各种能源中处于绝对主导地位；石油所占的比例在18%；天然气所占比例仅为5%；三项之和化石能源所占比例高达90%。与世界能源消费结构图相比，我国能源消费结构较为单一，对煤炭资源的依

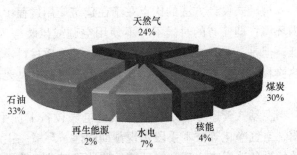

图1-11　世界一次能源消费结构（2013年）

赖程度很大，这是由我国能源资源禀赋所决定的。与煤炭相比，消耗石油、天然气几乎不排出的粉尘、废渣、废水，对环境污染相对较小，故称为清洁的化石能源。

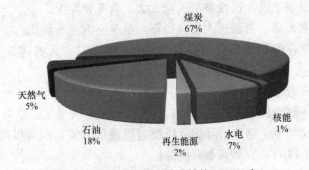

图1-12　我国一次能源消费结构（2013年）

1.4.2　建筑能耗及来源

广义地说，建筑能耗是指与建筑相关的能源消耗，包括建筑材料生产用能，建筑材料运输用能，房屋建造、维修和拆除等过程中的用能以及建筑使用过程中的建筑运行能耗。但按照国际通行的定义，建筑能耗一般是指民用建筑（包括居住建筑和公共建筑以及服务业）使用过程中的能耗，主要包括建筑供暖、空调、通风、给排水、照明、炊事、家用电器、电梯等方面的能耗。

从建筑能耗定义不难理解，在建筑中应用电能最便捷。那么建筑中大量消耗的电能是怎么生产的？目前我国电能的 3 个重要生产途径为：火力发电、水力发电和核能发电，如图 1-13 所示。图 1-14 给出了我国电力供应结构比例示意图。从该图可以看出，我国供应的 100kWh 电能中，至少有 75kWh 来自于火力发电。即局部清洁的电力主要是以消耗污染排放严重的煤炭获取的。不难理解，在建筑中大量使用的局部清洁电能，背后其实很不"清洁"环保。

其次，天然气因为可以管道输送，污染排放较少，在建筑中应用也较多；而石油一般不直接应用于提供建筑的常规能源，多用于重要建筑的备用柴油发电或宾馆烹调用能；而煤炭一般在城市被限制用于分散建筑的供能，而多用于城市集中供热的热电联产。至于其他的可再生能源，在小体量建筑当中应用较有优势，而对于大型建筑，因采集条件受限很难保证其大量的能源需求。

图 1-13　我国电力的来源渠道

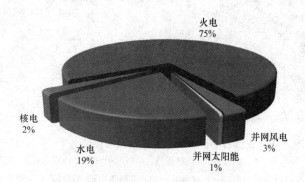

图 1-14　我国电力供应结构（2014 年）

1.4.3　建筑能耗现状与可持续发展

国际上将社会总能耗分为工业用能、建筑用能和交通用能三大类，各类用能占社会总能耗的比例反映了该领域在国家能耗中的重要性。从国家层面，我国建筑能耗究竟占多大的份额？

按照住房和城乡建设部预测，目前我国建筑能耗占社会总能耗的比例大约为 28%，这仅是建筑运行和使用过程中的能耗，若加上建筑材料生产能耗，其比例将高达 45% 以上。2012 年，全国总能耗 40 亿 t 标准煤，其中有 11.2 亿 t 消耗于建筑使用过程。建筑中消耗如此巨大的能源，那么我国化石能源储量有多大呢？

图 1-15～图 1-17 是我国煤炭、石油、天然气储量及在世界各国的排位图，从该图可以看出，我国探明煤炭拥有量为 1343 亿 t，排世界第 3 位；石油拥有量 32.4 亿 t，排世界第 11 位；天然气拥有量 1.37 万亿 m³，排世界第 20 位。若按 13 亿的人口基数，我国人均拥有的煤炭只有世界人均的一半，9 个中国人拥有的石油、21 个中国人拥有的天然气才相当于世界人均拥有量。

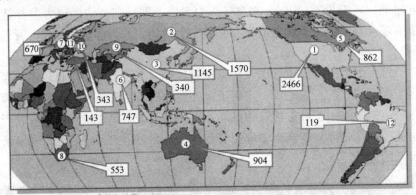

图 1-15 我国煤炭储量及在世界各国的排位（单位：亿 t）
1—美国；2—俄罗斯；3—中国；4—澳大利亚；5—加拿大；6—印度；7—德国；
8—南非；9—哈萨克斯坦；10—乌克兰；11—波兰；12—巴西

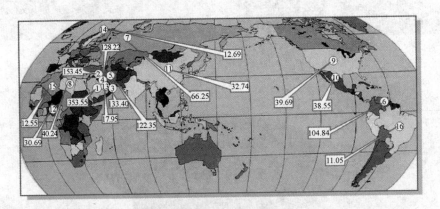

图 1-16 我国石油储量及在世界各国的排位（单位：亿 t）
1—沙特阿拉伯；2—伊拉克；3—阿联酋；4—科威特；5—伊朗；6—委内瑞拉；7—俄罗斯；8—利比亚；
9—美国；10—墨西哥；11—中国；12—尼日利亚；13—卡塔尔；14—挪威；15—阿尔及利亚；16—巴西

由此可见，建筑能耗的比例越来越高，而地球只有一个，能源资源总量有限；我国地大、物并不博，且人口众多，将极大地影响可持续发展。为了给子孙后代预留生存发展空间，必须找到可持续发展之路。建筑环境与能源应用领域的不断开拓和发展，后生责无旁贷。

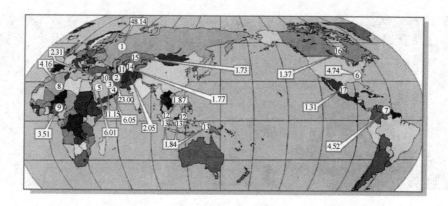

图 1-17　我国天然气储量及在世界各国的排位（单位：万亿 m³）

1—俄罗斯；2—伊朗；3—卡塔尔；4—阿联酋；5—沙特阿拉伯；6—美国；7—委内瑞拉；
8—阿尔及利亚；9—尼日利亚；10—伊拉克；11—土库曼斯坦；12—马来西亚；13—印度尼西亚；
14—乌兹别克斯坦；15—哈萨克斯坦；16—加拿大；17—墨西哥

1.5　建筑能源消耗与环境生态

能源消耗与环境污染是一对孪生兄弟。能源消耗越多，环境污染越大。化石燃料消耗将产生大量二氧化碳、二氧化硫、粉尘、废渣、废水等。

1.5.1　烟尘污染

最近 20 年，为了减缓城市的环境污染，大型的火力发电厂、钢铁冶金等高能耗、高污染产业都纷纷搬迁到远离城市的郊区或农村，虽然以接纳地污染为代价暂时减轻了城市污染，但是由于大气是联通的，风一吹仍然会飘到城市上空（图 1-18）。2008 年北京为了举办绿色奥运会，提前 8 年就开始把首都钢铁公司等污染企业搬出首都，并对首都所有燃煤供暖锅炉改成燃气或燃油锅炉，实施西气东输工程等。

1.5.2　废渣废水污染

煤燃烧产生大量的炉渣、粉煤灰及废水，占用土地，污染环境。另外，由于城市化的大量建设，建筑垃圾被制造出来；建成后大量人口聚集在城市，又导致产生大量生活垃圾（图 1-19），不及时处理，占用大量土地良田，污水横流破坏水体和生态环境（图 1-20）。

图 1-18　粉尘污染图

图 1-19　堆积如山的城市生活垃圾

图 1-20　水体污染

1.5.3　PM2.5

PM2.5 是指环境中空气动力学当量直径小于或等于 $2.5\mu m$ 的细颗粒物，也称为可吸入肺颗粒物，它的直径还不到人的头发丝粗细的 1/20。由于粒径小，比表面积大，易吸附大量的有毒、有害物质且在大气中的停留时间长，对人体健康危害大。由于能源消耗排放的粉尘及城市大量汽车的尾气排放导致空气中粒径小于 $2.5\mu m$ 的极细颗粒物增多，PM2.5 超标严重，雾霾天数增多，严重危及人民群众的身体健康和日常生活（图 1-21）。现在各大城市全年超标天数逐年增多，并且有向中等城市蔓延的趋势，令人担忧。

图 1-21　PM2.5 严重超标影响人民群众生活

1.5.4　温室气体排放

我国由于大量依赖以煤为主的化石能源，单位能源排放的二氧化碳量大。据国际权威机构报告，2008 年，我国的温室气体排放量超过了美国，居世界第一（图 1-22）。由于温室气体排放到大气中，会使全球气候变暖，加速极地冰川和冻土融化，海平面上升，危及海岛国家和沿海平原地区，世界上大约有 1/3 的人口生活在离海岸线小于 $60km$ 的范围内，如果全球变暖，海平面上升，一些城市和乡村将被淹没。此外，由于气候异常，旱涝灾害的次数可能增加，森林、草原火灾将增多，水资源问题将更为突出，对农业也将产生十分明显的影响。此外，全球变暖还可能使暴雨、泥石流、龙卷风、土地沙漠化等一系列自然灾害发生和生态问题恶化的可能性增大，因此受到世界各国的关注，共同倡导成立了全球气候变化公约组织，我国成为第一大温室气体排放国以后，自然会面临巨大国际政治外交压力，我国要在国际舞台扮演负责任大国形象必须采取相应的减排行动。

1.5.5 酸雨酸雾

煤炭中含有硫分，一般含量为 1%～3%，燃烧生成二氧化硫。二氧化硫是产生酸雨的主要物质，酸雨对生态系统的影响很大，它可以直接使大片森林死亡、农作物枯萎；也可以抑制土壤中有机物的分解和氮的固定，淋洗与土壤粒子结合的钙、镁、钾等营养元素，使土壤贫瘠化；它可以使湖泊河流酸化，并溶解土壤和水体底泥中的重金属进入水中，毒害鱼类，使水生生态受到严重破坏，对人体健康也会产生直接的和潜在的危害。

此外，资源过度的掠夺性开采，除了破坏生态环境外，也会造成新的安全隐患，如城市、农村的地下被掏空后，一些偶然的因素就会导致塌陷，危及城乡群众生命财产安全，最近几年媒体曝光的大量天坑地缝，不是天灾而是人祸（图1-23）。

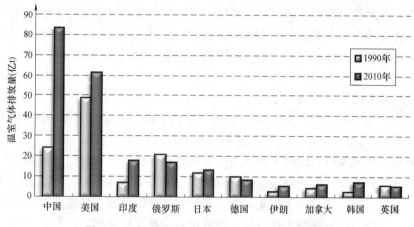

图 1-22 我国温室气体排量及在世界各国的排位

图 1-23 资源过度开采导致塌陷

有国际权威环保机构报告显示，环境污染和生态恶化严重威胁人类生存，耕地以每分钟 40hm²、每年约 2100 万 hm² 的速度在减少；森林以每分钟 21hm²、每年约 1100 万 hm² 的速度在消失；每分钟有 11hm²、每年约有 600 万 hm² 土地沙漠化；每分钟有 85 万 t、每年约有 4500 亿 t 污水排入江河大海；每分钟有 28 人、每年约有 1500 万人死于环境污染。这是何等触目惊心啊！难道我们没有责任为减少建筑领域的污染排放、为遏制环境恶化做出自己的贡献吗?

1.6 国家意志与本专业内涵

从以上分析不难发现,建筑环境的持续改善是社会发展的必然要求,是经济发展和人民生活水平提高之后的刚性需求;而建筑环境的营造不可避免地伴随着能源、资源的大量消耗。建筑能耗在社会总能耗的比例不断飙升,一方面加剧了我国能源紧张形势,制约我国经济高速发展(因为经济发展必须要有足够的能源提供支撑),另一方面又使我国的环境与生态进一步遭受严重破坏,能源消耗与环境污染如影随形。如何化解这一循环"魔咒",建筑环境与能源应用工程领域大有可为。

我国经济及国民的富裕程度与世界发达国家仍然存在不小的差距,因此,发展经济在今后相当长一段时间内都将是国家基本战略;另外我国的城镇化还处于中等水平,与发达国家仍然存在25%~30%的差距,城镇化仍将是国家发展战略之一。如何破解我国家发展进程中的资源瓶颈和能源瓶颈?如何破解高速发展与环境污染如影随形的"魔咒",还人们以青山、绿水和清新的空气?其实,国家早在2005年就将节能减排确立为与计划生育同等重要的基本国策,2008年国务院又颁布了《民用建筑节能条例》及《公共机构节能条例》,2011年,"十八大"提出加强生态文明建设的方针,2012年国务院颁发《绿色建筑行动方案》,力度越来越大,层次越来越高,体现了国家意志。

这些政策、法规及行动纲领主要针对当前城乡建设模式粗放,能源资源消耗高、利用效率低,重规模轻效率、重外观轻品质、重建设轻管理,建筑使用寿命远低于设计使用年限等突出问题,贯彻落实科学发展观,切实转变城乡建设模式和建筑业发展方式,提高资源利用效率,实现节能减排约束性目标,积极应对全球气候变化,建设资源节约型、环境友好型社会,提高生态文明水平,改善人民生活质量。重点从以下方面展开:

(1)加强新建建筑节能工作。加强城乡建设规划管控,建立包括绿色建筑比例、生态环保、公共交通、可再生能源利用、土地集约利用、再生水利用、废弃物回收利用等内容的规划指标体系;优化能源的系统集成利用,鼓励发展分布式能源。大力促进城镇绿色建筑发展。政府投资的国家机关、学校、医院、博物馆、科技馆、体育馆等建筑,直辖市、计划单列市及省会城市的保障性住房,以及单体建筑面积超过2万 m² 的机场、车站、宾馆、饭店、商场、写字楼等大型公共建筑,自2014年起全面执行绿色建筑标准。积极推进绿色农房建设。大力推广太阳能热利用、围护结构保温隔热、省柴节煤灶、节能炕等农房节能技术;切实推进生物质能利用,发展大中型沼气,加强运行管理和维护服务。科学引导农房执行建筑节能标准。

(2)突出重点、分类指导,推进既有建筑节能改造。以政府机关、医院、学校等公共机构为重点,鼓励采取合同能源管理模式开展公共建筑节能改造。继续推进"节约型高等学校"建设及高等学校建筑节能改造示范,争创60家节约型公共机构示范单位。以建筑门窗、外墙、遮阳、自然通风等为重点,实施居住建筑节能改造试点,探索适宜的居住建筑节能改造模式和技术路线,推广节能新技术、新工艺、新材料和新产品。

(3)加强推广示范,推进可再生能源建筑规模化应用。以可再生能源建筑示范城市为重点,加快建立推广应用支撑体系,推动地源热泵系统、太阳能、生物质能等在建筑中的示范应用。积极引导和示范推广太阳能热利用、围护结构保温隔热、省柴节煤炉灶升级换代、节能照明、自然采光等农房节能技术。

（4）落实监管举措，切实加强公共建筑节能管理。继续完善公共建筑节能监管体系，切实加强机关办公建筑和大型公共建筑节能监管平台建设，实施大型公共建筑能耗（电耗）限额管理，对所有政府机关办公建筑、大型公共建筑、可再生能源应用示范建筑、绿色建筑等开展能效监测。研究建立能源利用状况报告制度，组织开展商场、宾馆、学校、医院等行业能效水平对标活动。到 2015 年，地级以上城市应完成对大型公共建筑能耗的全口径统计，确定单位面积能耗平均水平，重点排查年总能耗高于 1000 吨标准煤的建筑物，落实监管措施。

（5）着力技术创新，研发推广绿色建筑相关技术。加强建筑节能改造、可再生能源建筑应用、节水与水资源综合利用、绿色建材、废弃物资源化、环境质量控制、提高建筑物耐久性等方面的共性和关键技术研发。大力推广自然通风、自然采光、带热回收的新风系统、中水回用等绿色建筑技术和产品，推广应用能满足节能需要的新型墙体材料、节能标识门窗、防水保温材料、装饰装修材料等。

（6）强化产业支撑，因地制宜发展绿色建材。大力发展安全耐久、节能环保、施工便利的绿色建材，研制开发具有节能、节地、提高施工效率、改善建筑功能的新型砌块、板材和复合墙体材料，大力发展绿色环保建材产业。鼓励使用建筑废弃物、工业废渣生产建材，鼓励采用自保温系统。推动建筑工业化，逐步实现建筑预制构配件、部品的工厂化生产与现场装配，开展工业化建筑示范试点。

这些有关建筑环境营造及建筑能源合理利用的国家政策、法规、行动纲领，高度体现了国家意志和最广泛的人民群众的诉求，对于提高建筑的安全性、舒适性和健康性，对转变城乡建设模式，破解能源资源瓶颈约束，改善群众生产生活条件，培育节能环保、新能源等战略性新兴产业，具有十分重要的意义和作用。而本专业的内涵正是与此不谋而合。这些国家政策利剑，已经为本专业搭建好了施展拳脚的平台。只要我们认清这个大局，服务国家战略需求，满足人民的根本诉求，专业发展前景就会越来越宽广，个人事业发展就大有作为。

思 考 题

1. 什么是建筑环境？
2. 建筑环境问题是怎么产生的？为什么在城市化背景下建筑环境问题越来越突出？
3. 建筑环境营造方法有哪两种？什么是被动式营造方法？
4. 为什么建筑环境需要主动式营造方法？它与建筑能耗有何必然联系？
5. 建筑能源应用为什么事关我国可持续发展？
6. 建筑能源消耗与环境生态有何关联性？
7. 你如何理解本专业的内涵？为什么要把个人事业发展与服务国家社会需求结合起来？

第 2 章　建筑环境与能源应用工程的基础常识

建筑环境包括热（湿）环境、光环境、声环境及空气品质等方面；而建筑能源应用的动因在于根据人类活动的各种需求调控建筑环境。那么，与人感受最密切、最重要的环境要素是什么呢？环境变化与能源转化的物质载体具有哪些普遍特性、遵循的基本规律是什么？在利用人工能源调控建筑环境过程中，最基本的"媒介"物质是什么？它们具有什么特性和有趣的现象？在建筑环境自然变化和人工调控过程中，能源转化和利用必须遵循的基本规律是什么？本章基于高中数理化知识，从日常生活中的冷热感受出发，介绍一些将伴随执业生涯和学术生涯的基本常识，开启进入建筑环境与能源应用领域浩瀚的知识海洋的大门。

2.1　建筑热环境的基本表征——温度

温度与人们的生活有着非常密切的联系。比如电视、报纸上每天所报道的天气预报，都有气温。气温是指空气的温度，是以数值的形式告诉人们大气的冷与热。如果有感冒发烧的现象，医生首先会为我们量体温。体温就是身体的温度，发烧的话体温就会上升。实际上，体温高了是在提醒人们身体机能出现了问题。

2.1.1　温度的度量

人对环境冷热程度的感受是与生俱来的，早在现代文明产生之前就已经具备了这方面的能力。但是要把冷热程度的高低定量化，人类却经历了漫长的过程。

在刀耕火种的原始社会，在日出而作、日落而息的农业社会，根本没有对冷热度量的社会需求。到 18 世纪，在西欧兴起的启蒙运动开始挑战基督教教会的思想体系，使科学意识感染到社会的各个层面；特别是可提供热动力的蒸汽机技术的广泛应用，新兴产业对提高其性能的迫切需求，刺激了对冷热度量等基础科学问题的研究，成为工业革命之滥觞，造就了一批至今仍然闪耀的科学泰斗。

1. 温度测量原理

绝大多数物质都具有热胀冷缩的特点，因此，最早的温度测量仪器就是根据这一原理设计制作的。

1603 年，伽利略制作的世界上第一支温度计——空气温度计，就是根据空气的热胀冷缩原理创造发明的。如图 2-1 所示，一个细长颈的球形瓶倒插在装有红色葡萄酒的容器中，从其中抽出一部分空气，酒面就上升到细颈内。当外界温度改变时，细颈内的酒面因玻璃泡内的空气热胀冷缩而随之升降，致使细管中的红色液面清晰可见，就可直

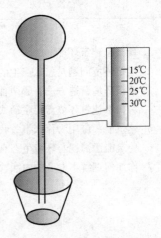

图 2-1　伽利略制作的第一支空气温度计

观显示温度的高低。

这种温度计的缺点在于无法迅速地反映出温度的变化，且温度和气压都会发生改变，测量所得数值也不太准确。但作为历史上第一套测量温度的工具，伽利略所发明的空气温度计在当时备受瞩目。后来人们改用性能更加稳定的水银、水、酒精等作介质，至今都还有应用。

2. 温标

根据热胀冷缩原理，我们可以在某种可视的元件上直观地看出冷热程度的高低，但是，如何在该元件上标出刻度数字，这就是所谓的温度"标尺"。温标就是按照一定标准划分的温度标志，就像测量物体的长度要用长度标尺一样，它是一种人为的规定，或者叫作一种单位制。为了让不同的人群都能对温度高低标度更容易理解，最初选择了最常见物质水的特殊状态点（如冰点、沸点）作为刻度的依据，对温度的高低进行标度。

1724 年，德国人华伦海特制定了华氏温标，他把纯水的冰点温度定为 32 ℉，把标准大气压下水的沸点温度定为 212 ℉，中间分为 180 等份，每一等份代表 1 度，这就是华氏温标，用符号℉表示。

1742 年，瑞典的 A·摄尔西乌斯提出了另一种温度标度方法，即摄氏温标。摄氏温标以水沸点（标准大气压下水和水蒸气之间的平衡温度）为 100 度和冰点（标准大气压下冰和水之间的平衡温度）为零度作为温标的两个固定点。摄氏温标采用玻璃汞温度计作为内插仪器，假定温度和汞柱的高度成正比，即把水沸点与冰点之间的汞柱的高度差等分为 100 格，每 1 格对应于 1 度。国际上华氏温标（℉）和摄氏温标（℃）都有使用，科技领域以摄氏温标使用居多（图 2-2）。

3. 测温仪器

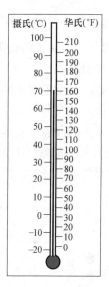

图 2-2 摄氏温度与华氏温度

测温仪器是用来检测物体温度高低的手段，在医疗卫生、工业生产、科学研究中应用非常广泛。日常生活中使用最广泛的是水银温度计和酒精温度计（图 2-3、图 2-4）。两种温度计都是由玻璃制成，下端有一个小球体，上面连接着一根细长的玻璃管。在玻璃中间的空心部分灌有水银或是酒精。水银和酒精都具有热胀冷缩的性质，人们正是利用它们的这种性质，将其灌入玻璃管后密封起来，在玻璃管上适当的部位标上刻度，最终得以制作出沿用至今的水银温度计和酒精温度计。

其实，测温仪器随着科学技术的发展，种类在不断推陈出新，进而推动科技进步。早在 1735 年，就有人尝试利用金属棒受热膨胀的原理，制造温度计；到 18 世纪末，出现了双金属温度计；1802 年，查理斯定律确立之后，气体温度计也随之得到改进和发展，其精确度和测温范围都超过了水银温度计。1821 年，德国的塞贝克发现了热电效应；同年初，英国的戴维发现金属电阻随温度变化的规律，这以后就出现了热电偶温度计和热电阻温度计。1876 年，德国的西门子制造出第一支铂电阻温度计。辐射温度计和光学高温计是 20 世纪维思定律和普朗克定律出现以后，才真正得到实用。从 20 世纪 60 年代开始，由于红外技术和电子技术的发展，出现了利用各种新型光敏或热敏检测元件的辐射温度计

（包括红外辐射温度计），从而扩大了它的应用领域。可见，温度计的演变也从侧面反映了专业科技的发展进步。这些知识将在后续建筑环境与能源测量等专业课程中详细介绍。

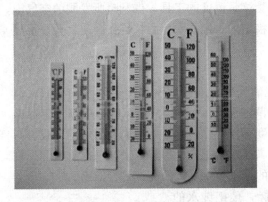

图 2-3　酒精温度计

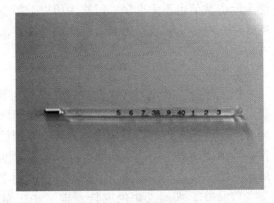

图 2-4　水银温度计

2.1.2　温度的极限与绝对温度

在地球表面不同位置温度差异很大，赤道炎热，两极最冷；在自然界中，春夏秋冬四季交替，温度各季不同。我国北方的冬天"千里冰封、万里雪飘"，但即使最北的漠河冬季最低也只有零下 55℃；地球上最冷的南极、北极，其最低温度为零下 89℃，虽然这样的低温我们没有亲身体验过，但却是地球上实际存在的温度。那么，物体的温度究竟最低能达到多少度呢？这个问题看似天真，但科学地回答这个问题，却使热科学发展具有划时代的意义。

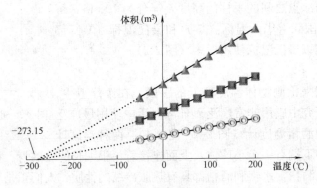

图 2-5　绝对零度

科学家在对气体进行冷却的时候发现，如果温度降低，气体的体积也会不断地缩小。这种现象与气体的种类无关。非常有趣的是，如果把所有气体的温度与体积的变化曲线负向延长，那么，所有曲线一定会跟温度轴在同一个交点上相会，如图 2-5 所示。这个交点恰恰是零下 273.15℃。理论上这就意味着，只要大气压强不变，所有气体都会在零下 273.15℃的时候体积变为 0，即气体的消失，这显然是违背物质不灭定律的——尽管气体实际上不可能达到绝对零度，因为在达到绝对零度之前，肯定都转化成了液体或固体。

那么，物质温度存不存在上限呢？从图 2-5 中不能看出有上限的存在，就目前的研究也没有发现温度有上限。如太阳表面温度可达 6000K，地球中心温度可达 10000K，太阳内部可达千万 K，而中子星内部可达 1 亿 K 以上。

科学研究进一步表明，物质的温度没有上限，但最低只能降到零下 273.15℃，这是物质温度不可逾越的最低极限。在 1854 年，英国著名物理学家开尔文提出建立热力学温标，以此温度作为温标的起点，称为绝对零度（absolute zero），单位为开尔文（K）。

摄氏温度与开尔文温度换算：

$$K=C+273.15 \tag{2-1}$$

开尔文提出建立热力学温标已经是在华氏温标和摄氏温标 100 多年以后了，而开尔文建立的热力学温标，得到广泛接受并被确认为科学上的国际标准温标，是在 1954 年第 10 届国际计量大会上，而已经是在其提出建立该温标的 100 年之后，可见科学的进步是何等不易！

【小贴士：科学史与科学家的故事——开尔文（1824—1907）是英国著名的物理学家、发明家，原名 W·汤姆孙。他是 19、20 世纪的最伟大的人物之一，是一个伟大的数学物理学家兼电学家。

1824 年 6 月 26 日开尔文生于爱尔兰的贝尔法斯特。由于装设第一条大西洋海底电缆有功，英政府于 1866 年封他为爵士，并于 1892 年晋升为开尔文勋爵，开尔文的名称就是从此开始的。

开尔文研究范围广泛，在热学、电磁学、流体力学、光学、地球物理、数学、工程应用等方面都做出了贡献。

开尔文是热力学的主要奠基人之一，在热力学的发展中做出了一系列的重大贡献。开尔文在 1848 年提出、在 1854 年修改的绝对热力学温标，是现在科学上的标准温标。1954 年国际会议确定这一标准温标，恰好是在 100 年之后。他是热力学第二定律的两个主要奠基人之一。】

开尔文

2.1.3 温度的定义

现代分子动力学的发展对物体温度的本质有了更科学的阐释。根据麦克斯韦-玻尔兹曼分布，任何（宏观）物理系统的温度都是组成该系统的分子和原子的运动的结果。这些粒子有一个不同速度的范围，而任何单个粒子的速度都因与其他粒子的碰撞而不断变化。然而，对于大量粒子来说，处于一个特定的速度范围的粒子所占的比例却几乎不变。粒子动能越高，物质温度就越高。理论上，若粒子动能低到量子力学的最低点时，物质即达到绝对零度，不能再低。

可见，温度（temperature）是大量分子热运动的集体表现，是以数值的方式衡量物体冷热程度的物理量。从分子运动论观点看，温度是物体分子运动平均动能的标志，是物体分子热运动的剧烈程度的表征。温度只能通过物体随温度变化的某些特性来间接测量。

2.2 能源的常见形式——热

2.2.1 什么是热？

人类自从发现了火，便开始了对热的利用。人类用热的历史与人类自身的历史一样漫长。古希腊哲学家亚里士多德曾说：热是生命的源泉，和感觉、活动、思想一样，是所有生命力的源头。的确如此，地球上的所有生命体几乎都依赖太阳的热而生存，植物凭借太阳而生长，动物靠吃植物或捕食那些以植物为生的动物而得以生存。

科学家们系统地研究热是从 17 世纪开始的。最初认为，热是一种我们肉眼无法看见的微粒在活动，称作热素（卡路里，Calorie）。热素可以从一定程度上解释热的性质，如热从高温传向低温，相当于从热素多的地方传到了热素少的地方。但随着物体的温度上升，意味着热素的增加，但物体的重量并没有增加，因此当时有许多人并不相信存在热素这种特别的物质，其中就包括美国出生的科学家本杰明·汤普森。当时汤普森在为德国巴伐利亚王室监制大炮，他利用马的力量带动钻头钻炮膛，炮身竟然烫得可以让水沸腾，究竟是从哪儿冒出这么多热量呢？令当时的人们百思不得其解。

詹姆斯·焦耳通过实验回答了汤普森的问题。实验设计了一个下落的砝码带动扇叶旋转搅拌烧杯中的水，而烧杯用绝热材料包裹起来，避免热量的散失。通过实验发现，随着扇叶的旋转，水温会略为上升；结果反复多次的实验，焦耳终于测出来了砝码下落做功与水温上升的定量关系。即发现了功可以转化为热及其功转化为热的规律。

焦耳实验对认识热的内涵起到了非常重要的作用。人们知道了热所代表的并非移动的热素，而是一种运动的能量。如，当我们反复敲击金属或摩擦时，温度会升高，物质内部的分子原子运动加快。因此，实际上热就是物质分子原子活跃程度变化过程中能量输入或输出的一种表现。热总是从高温物质（部分）向低温物质（部分）转移，高温物质的分子原子运动速度降低，表现出失去热能，而低温物体的分子原子的运动速度加快，表现出获得热能。科学家进一步发现，物质获得的热量大小与该物体的质量成正比；温升越大，获得的热量越多；也与该物体的吸热能力（比热容）有关。弄清这些道理，对理解专业中大量水、空气流动的能量转换本质很有帮助。

2.2.2　物体的热特性：比热容

不同酒杯的容积大小不同，主要是因为酒杯的直径和高度等几何结构不一样；当我们向不同酒杯掺入相同液体时，液位上升高度差异是非常大的，这些在日常生活中很常见。其实，在热科学中，当我们向不同物质转移相同的热量时，其温度上升差异也非常大，小则差 1、2 倍，多则 10 倍，甚至百千倍，那是因为不同物质的分子、原子结构差异很大。为了客观评价不同物质的热特性，科学家定义了热容量。

比热容（specific heat capacity）又称比热容量，简称比热（specific heat），是指单位质量的某种物质当温度升高 1℃所需要吸收的热能，用符号 c 表示，国际单位为 J/(kg·K) 或 J/(kg·℃)，J 是指焦耳，K 是指热力学温标，与摄氏度℃相等。对热特性进一步阐释如下：

（1）根据以上定义，某物体在特定热过程中吸收或放出的热量可由下式计算：

$$Q = cm\Delta T \tag{2-2}$$

式中　Q——吸收或放出的热量；

　　　c——定压比热容；

　　　m——物体的质量；

　　　ΔT——吸热（放热）后温度所上升（下降）值。

这个公式虽高中物理就学过，但在专业中会广泛地应用，举一反三很重要。

（2）根据式（2-2），对同样质量的两个物体提供同样热量时，有：

$$Q = c_1 m \Delta T_1 = c_2 m \Delta T_2$$

即，
$$\frac{\Delta T_1}{\Delta T_2} = \frac{c_2}{c_1} \tag{2-3}$$

物体的温升与其比热成反比，物体的比热越小，其温度变化则越大。

（3）同一物质的比热一般不随质量、形状的变化而变化。如一杯水与一桶水，它们的比热相同。

（4）对同一物质，比热值与物态有关，同一物质在同一状态下的比热是一定的，但在不同的状态时，比热是不相同的。例如水的比热与冰的比热不同。容易吸收热量意味着分子的运动特别活跃，因此温度也上升得快。

在常见物质中，水的比热最大，它约是水蒸气、冰的 2 倍，空气的 4.2 倍，铝的 4.6 倍，沙与砖的 5.5 倍，钢铁的 8 倍，铜的 11 倍，铂与金的 35 倍。停在太阳下的汽车外壳为什么发烫？为什么城市水泥道路很热，草坪温度较低，而越靠近水边越凉爽？那是因为水的比热与别的物质相比相对大一些，因此水的温度不易发生变化，而沙的比热容小，则温度变化剧烈。图 2-6 是人在海滩玩耍时中午与傍晚的热体验漫画图，应用水与沙的比热差异就可很好地解释这一物理现象。知道了水的这一独特性质，就可以科学地解释很多日常观察到的热现象，并且对今后学习理解专业技术知识有很大的帮助。

图 2-6　海滩中午与傍晚的热体验

2.2.3　热是如何传递的？

如前所述对热的本质的阐述，我们知道了在热传递过程中，物质并未发生迁移，只是高温物体放出热量，温度降低，内能减少（确切地说，是物体内部的分子做无规则运动的平均动能减小）；低温物体吸收热量，温度升高，内能增加。因此，热传递的实质就是能量从高温物体向低温物体转移的过程，这是能量转移的一种方式。热传递转移的是能量，而不是温度。物质的种类很多，那么热量传递的方式有哪些呢？

热的传递方式有三种，分别是传导、对流和热辐射。但在实际生活中所发生的热传递，并非只局限于其中某一种，大多数情况下，都是三种方式结合出现的。

1. 热传导

热传导是热通过物体之间的直接接触而进行的传递。两种物体本来在温度上有一定的差别，通过接触在一起而形成了热（热量）的转移，这种方式叫作热传导。

热传导是介质（气体、液体、固体或者混合物）内无宏观运动时的传热现象，其在固体、液体和气体中均可发生。但严格而言，只有在固体中才是纯粹的热传导，而流体即使处于静止状态，其中也会由于温度梯度所造成的密度差而产生自然对流，故在流体中对流与热传导同时发生。综上，热传导主要发生在固体内部、两个不同固体之间、固液之间、固气之间、液气之间，它们之间在热传递时，我们看不到有宏观运动出现。

每种物质传递热的能力是不同的。物质传递热的能力用热传导率表征。表2-1是部分常用建筑材料的热传导率。

常用材料的密度和热传导率　　　　　　表 2-1

类别	材料名称	密度(kg/m³)	热传导率[W/(m·K)]
常见材料	水(4℃)	1000	0.58
	冰	800	2.22
	空气(20℃)	1.29	0.023
	建筑钢	7850	58.2
	不锈钢	7900	17
	陶瓷	2700	1.5
外墙	钢筋混凝土	2500	1.74
	加气混凝土	700	0.22
	水泥砂浆	1800	0.93
	保温砂浆	800	0.29
绝热材料	矿棉、岩棉	70 以下	0.50
	水泥膨胀蛭石	350	0.14
	聚苯乙烯泡沫塑料	30	0.042
建筑板材	胶合板	600	0.17
	石膏板	1050	0.33
	硬质 PVC 板	1400	0.16
玻璃	平板玻璃	2500	0.76
	玻璃钢	1800	0.52
	有机玻璃 PMMA	1180	0.18
集料	粉煤灰	1000	0.23
	浮石、凝灰岩	600	0.23
	膨胀蛭石	200	0.10
	膨胀珍珠岩	80	0.058
其他	橡木、枫树	700	0.17
	松木、云杉	500	0.14
	夯实黏土	2000	1.16
	建筑用砂	1600	0.58
	大理石	2800	2.91
	防水卷材	600	0.17

由表 2-1 可知，金属比木头、塑料的传热更快，所以相对来说热传导率也非常高。人们通常把跟金属一样、热传导率高的物体叫作热的良导体。大部分金属传热的性能都很突出，基本都属于良导体。相反，把热传导率较低的物体叫作热的绝缘体或热的不良导体。熨斗和水壶的把柄用塑料来制作，正是因为塑料本身的传热性能不强，所以算是一种隔热材料（图 2-7）。

图 2-7　热传导率的应用

2. 对流

对流是物体之间以流体（流体是液体和气体的总称）为介质，利用流体的热胀冷缩和可以流动的特性传递热能。热对流是靠液体或气体的流动，使内能从温度较高部分传至较低部分的过程。对流是液体或气体热传递的主要方式，气体的对流比液体明显。对流可分自然对流和强迫对流两种。自然对流往往自然发生，是由于温度不均匀而引起的。强迫对流是由于外界的影响对流体扰动而形成的。

其实所有流体都会产生对流。因为流体一旦温度升高，体积就会膨胀，密度会变小，继而会形成向上流动的态势，而温度降低的话，则会形成下降的态势。

风其实是大气对流而产生的现象。因为各个地区地面情况不同，吸收太阳热量的能力也相应地有所区别，因此，每个地区空气的温度也是不同的。正是由于这一点，才出现了大气的对流现象，这就是我们所说的"风"。

3. 辐射

物体因自身的温度而具有向外发射能量的本领，这种热传递的方式叫作热辐射。作为传递热量的方式，辐射不需要任何媒介，正因如此，太阳光才能透过无垠的宇宙直接传递到地球上来。

所有物质只要不处于绝对零度的状态，都会发射辐射能量。一切可以依靠辐射来传递的能量，都叫作辐射能量。辐射能量以电磁波的形式存在。物体温度较低时，主要以不可见的红外光进行辐射（长波），在 500℃ 以至更高的温度时，则顺次发射可见光以至紫外辐射。太阳能热水器、太阳灶、微波炉等都是利用热辐射来工作的。

2.2.4　温度与热运动

焦耳实验是 1850 年焦耳首先发明的测定热功当量的实验。盛在绝热容器内的水，由于砝码的下落带动桨叶旋转。而使水温升高。如果砝码下落所作的功为 ΔW，使容器中质量为 m 的水升高温度为 ΔT，那么与 ΔW 相当的热量 ΔQ 应为 $\Delta Q = cm\Delta T$（式中，c 是水的比热）。根据实验测得的 ΔT，可将 ΔQ 计算出来；ΔW 可以根据砝码的质量和下落的距离算出。这就是测热功当量的焦耳实验（图 2-8）。焦耳实验证明了热的本质及热与功的转化规律，在建筑能源输配系统中都必须遵循这个规律。

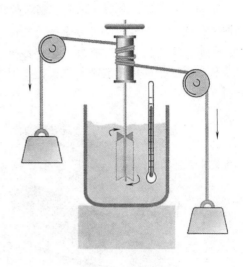

可见，热是一种运动的能量，构成物质的分子或原子并无规律，温度越高，它们的运动则更为活跃。原子和分子的这种与热有关的运动叫作热运动。热运动是构成物质的大量分子、原子等所进行的不规则运动。热运动越剧烈，物体的温度越高。

温度是用量的形式表现出构成物质的原子或分子热运动的程度。如果温度高的话，则热运动很活跃，如果温度低，则热运动很缓慢。

图 2-8　焦耳实验

当两个物体彼此接触，达到热能够传递的程度时，此时的状态叫作热接触状态。此时，热移动是单纯地从温度高的地方向温度低的地方移动。

【小贴士：科学史与科学家的故事：

路德维希·玻尔兹曼（1844 年 2 月 20 日—1906 年 9 月 5 日），热力学和统计物理学的奠基人之一，奥地利物理学家。1866 年获维也纳大学博士学位，历任格拉茨大学、维也纳大学、慕尼黑大学和莱比锡大学教授。他发展了麦克斯韦的分子运动类学说，把物理体系的熵和概率联系起来，阐明了热力学第二定律的统计性质，并引出能量均分理论（麦克斯韦-玻尔兹曼定律）。他首先指出，一切自发过程，总是从概率小的状态向概率大的状态变化，从有序向无序变化。1877 年，玻尔兹曼又提出，用"熵"来量度一个系统中分子的无序程度，并给出熵 S 与无序度 W 之间的关系为 $S=k\lg W$。这就是著名的玻尔兹曼公式，其中常数 $k=1.38\times10^{-23}$ J/K 称为玻尔兹曼常数。他最先把热力学原理应用于辐射，导出热辐射定律，称斯忒藩-玻尔兹曼定律。】

玻尔兹曼

2.3　环境与能源转化载体：物质与物态变化

人生活在现实世界中，总是通过某种物质载体感受环境的优劣；人们要调控环境，就得利用能源，而能源的输送与转化也必须借助物质的状态变化，因此了解有关常识是很有必要的。

2.3.1　物质的种类

分子不停地做无规则运动，它们之间又存在相互作用力。分子力的作用使分子聚集在一起，分子的无规则运动又使它们分散开来。这两种作用相反的因素决定了分子的三种不同的聚集状态——三类物质：固态、液态和气态。在常温常压下人们能够看到的都是固体或液体物质，如金、银、玻璃、石材、水、油，气体物质如氧气、二氧化碳是看不到的。

1. 固体

固体是物质存在的一种状态。与液体和气体相比固体有比较固定的体积和形状、质地比较坚硬。

一般来说，一个物体要达到一定的大小才能被称为固体，但对这个大小没有明确的规定。一般来说固体是宏观物体，除一些特殊的低温物理学的现象如超导现象、超液现象外，固体作为一个整体不显示量子力学的现象。

固体可以分成晶体和非晶体两类（图 2-9、图 2-10）。在常见的固态物质中，石英、云母、明矾、食盐、硫酸铜、糖、味精等都是晶体，玻璃、蜂蜡、松香、沥青、橡胶等都是非晶体。晶体都具有规则的几何形状，且有一定的熔点；而非晶体则没有规则的几何形状和一定的熔点。

图 2-9　晶体-金刚钻石

图 2-10　非晶体-玻璃

2. 液体

液体没有确定的形状，往往受容器影响（图 2-11）。液体具有一定体积，液体的体积在压力及温度不变的环境下，是固定不变的。液体很难被压缩成为更小体积的物质。

图 2-11　不同种类的液体可以装入形状各异的器皿中

装有水、酒精等液体的杯子放置很久之后，杯子中的液体会减少。这种液体在空气中渐渐减少消失的现象叫作挥发（图 2-12）。液体往空气中蒸发的快慢根据液体的不同，会有很大差异。

3. 气体

气体是指无形状、可变形可流动的流体。与液体不同的是气体可以被压缩。假如没有限制（容器或力场）的话，气体可以扩散，其体积不受限制。气态物质的原子或分子相互之间可以自由运动。气态物质的原子或分子的动能比较高，气体形态可通过其体积、温度和其压强所影响。

气体有实际气体和理想气体之分。理想气体被假设为气体分子之间没有相互作用力，气体分子自身没有体积，当实际气体压力不大，分子之间的平均距离很大，气体分子本身的体积可以忽略不计，分子的平均动能较大，分子之间的吸引力相比之下可以忽略不计。实际气体的行为十分接近理想气体的行为，一般可当作理想气体来处理。

图 2-12　液体的挥发

图 2-13　氢气球与气体消防灭火罐

（1）世界上最轻的气体：氢

1766 年，英国的一个百万富翁叫亨利·卡文迪什（Henry Gavendish）发现一种无色气体——氢气。这种气体比空气轻 14 倍，即 1m³ 仅重 0.09kg（图 2-13）。

（2）世界上最重的气体：氡

1900 年，德国人恩斯特·多恩（Ernst Dorn，1848-1916）发现一种气体——氡或硝酸灵（无色同位素 222）。这是从镭盐中释放出来的气体。这种气体比氢气重 111.5 倍，即 1m³ 重 10kg。

（3）在水中溶解度最大的气体：氨

许多气体都能够溶解在水中。但各种气体在水里的溶解度是不同的。通常情况下，1 体积的水能够溶解 1 体积的二氧化碳。氨是溶解度最大的气体。它是一种有刺激性气味的气体，在 1 个大气压和 20℃时，1 体积水约能溶解 700 体积氨气。氨气的水溶液称为氨水，常用来做制冷剂。

2.3.2　物态变化

从表观上看，任何物质都有固相、液相、气相三种形态；但从专业角度，任何物质的状态都可用温度、压力、密度等参数来描述。状态参数不同，物质的形态可能不同。如常

压下的同一物质 H_2O，当温度在 0℃ 以下，以固态冰的形式存在；当温度在 0～100℃ 之间则以液态水的形式存在；当温度大于 100℃ 时则成为水蒸气；而当温度为 0℃ 时则为冰水混合物，100℃ 则为汽水混合物。只要物质被加热或冷却，物态就要发生改变；当达到一定程度时，物相出现由量变到质变的转折。

1. 固体和液体之间

将冰慢慢加热，冰会融化成水，这时测量冰水的温度为 0℃。不仅是冰，如果温度持续升高，金属也会变成液体。将固体加热的话，构成固体的粒子的动能增加，当达到一定温度后，即成为流动性的液体。针对以上现象，物体由固态变为液态的过程叫熔化。晶体熔化时的温度叫熔点，并且不同晶体的熔点不同。

一般来说，水在一个标准大气压下，在 0℃ 的状态下会生成冰。同样，如果让液体不断冷却，分子的运动变缓，最终，分子会受彼此间引力的作用融合在一起。此时分子以一定位置为中心振动从而形成固体。物质从液态变为固态的过程叫作凝固。物体从液体凝固为晶体时的温度叫作凝固点，同一种物质的凝固点和熔点相同。

2. 气体和液体之间

将装有水的容器放置一段时间之后，会发现水变少了。这是因为在液体表面发生了液体变为气体的现象。在液体表面进行的气化现象叫蒸发（也称为挥发）。

将装有水的容器加热后，蒸发现象慢慢加快，随后水的内部会发生气化现象。在加热过程中，容器底部会产生气泡，当水全部达到 100℃ 时，气泡升至水面，飞散到空气中变成水蒸气。这就是沸腾（图 2-14）。沸腾是指液体受热超过其饱和温度时，在液体内部和表面同时发生剧烈汽化的现象。液体沸腾的温度叫沸点。不同液体的沸点不同。气体压强增大，液体沸点升高；气体压强减小，液体沸点降低。

气体变为液体的现象叫作凝结。

凝结和蒸发是两个互逆的过程。当气体分子返回到液体分子中时，也会产生凝结现象。无规则运动的气体分子和液体表面发生碰撞的同时，会释放出运动能量，因为液体分子会对气体分子产生一种引力，将气体分子"拉入"液体中。

3. 气体和固体之间

冬天放在室外冰冻的衣服会变干，放在衣橱里的樟脑丸会变小甚至消失，这些现象叫升华。物质从固态直接变为气态的现象叫升华。

物质从气态直接变为固态的现象叫凝华。生活中最常见的凝华现象就是寒冷冬天玻璃窗内表面出现的冰花（图 2-15）。

图 2-14　加热使水沸腾

图 2-15　空气中的水蒸气在玻璃上凝华形成冰花

2.3.3 状态变化的规律

1. 热量转移规律

物质状态变化可感知的是温度的变化，但本质是能量的转移。其中固体熔化或升华，液体汽化，是因为吸收了热量；而液体凝固，气体凝华或液化是因为热量的放出。

物质发生相变的状态变化时，其物相变化的转折点温度（熔点、凝固点、沸点、凝结点）一般是特定的，并且伴随着热量的吸收或放出。每千克物质相变过程中吸收或放出的热量称为相变热，一般是常量。

当物相不变仅发生温度变化时，其获得或失去的热量可以按（2-2）式计算。

这样，若以某种物质作为环控的能源载体，当其状态温度从 T_1 变化到 T_2 时，可根据其是否存在相变，精确计算出获得或释放热量的大小，进而设计能源系统。

2. 体积与密度变化规律

作为环境与能源载体的物质，当物态变化后，体积和密度可能发生变化，这将对其输配系统产生重要影响，因此，必须了解其变化规律。

对于物质不发生相变的状态变化时，物质的形状、体积和密度也会改变。对于固体、液体物质，体积和密度变化都较小，工程上可做不变的近似处理。

但对于气体，则可近似当成理想气体，并满足理想气体状态方程。

理想气体状态方程（也称理想气体定律、克拉贝龙方程）是描述理想气体在处于平衡态时，压强、体积、物质的量、温度间关系的状态方程。

对于理想气体，其状态参量压强 p、体积 V 和绝对温度 T 之间的函数关系为：

$$pV=(mRT/M)=nRT \tag{2-4}$$

式中　M——理想气体的摩尔质量；

　　　R——气体常量；

　　　p——气体压强，Pa；

　　　V——气体体积，m^3；

　　　n——气体的物质的量，mol；

　　　T——体系温度，K。

对于混合理想气体，其压强 p 是各组成部分的分压强 p_1、p_2……之和，故：$pV=（p_1+p_2+……）V=（n_1+n_2+……）RT$，式中 n_1、n_2……是各组成部分的物质的量。

综上，物质状态变化过程的能量转移是可以精确计算的，并通常伴随着温度、压力或体积的变化。进一步强化这些高中理化基本知识，对学好传热学、热质交换、暖通空调、冷热源等专业课程可起到如虎添翼的功效。

2.4　专业基本物质载体：水与大气

水与大气是自然界中最常见的两种物质，也是建筑环境与能源应用工程最重要的两种物质载体。了解并运用好它们的基本性质，将贯穿专业学习的全过程。

2.4.1　水的性质

1. 水的物理性质

水（化学式 H_2O）是由氢、氧两种元素组成的无机物，在常温常压下为无色无味的透明液体。水，包括天然水（河流、湖泊、大气水、海水、地下水等），人工制水（通过化学反应使氢氧原子结合得到水）。水是地球上最常见的物质之一，是包括人类在内所有生命生存的重要资源，也是生物体最重要的组成部分。水在生命演化中起到了重要作用。它是一种可再生资源。

水在海拔为0m，气压为一个标准大气压时的沸点为100℃，凝固点为0℃。水在4℃时达到最大相对密度1000kg/m³。

因为冰的密度比水小，当温度降低，河水结冰后冰层浮在水面，形成一层保温层，所以河水总是从上往下结冰。

2. 水的反常膨胀

一般物质由于温度影响，其体积为热胀冷缩。但也有少数热缩冷胀的物质，如水、锑、铋、液态铁等，在某种条件下恰好与上面的情况相反。实验证明，对0℃的水加热到4℃时，其体积不但不增大，反而缩小。当水的温度高于4℃时，它的体积才会随着温度的升高而膨胀。因此，水在4℃时的体积最小，密度最大。湖泊里水的表面，当冬季气温下降，若水温在4℃以上时，上层的水冷却，体积缩小，密度变大，于是下沉到底部，而下层的暖水就升到上层来。这样，上层的冷水与下层的暖水不断地交换位置，整个的水温逐渐降低。这种热的对流现象只能进行到所有水的温度都达到4℃时为止。当水温降到4℃以下时，上层的水反而膨胀，密度减小，于是冷水层停留在上面继续冷却，一直到温度下降到0℃时，上面的冷水层结成了冰为止（图2-16）。以上阶段热的交换主要形式是对流。当冰封水面之后，水的冷却就完全依靠水的热传导方式来进行。由于水的导热性能很差，因此湖底的水温仍保持在4℃左右。这种水的反常膨胀特性，保证了水中的动植物能在寒冷季节内生存下来。

大家可以设想一下，若水没有这种特性，地球的水生系统会怎样？寒冷地区江河湖泊中的水生物每年冬季岂不遭受灭顶之灾吗？！

3. 水的比热容特性应用

水的比热最大，本专业可以充分利用这一特性，改善城市或小区热环境，提高能源应用效率。

（1）调节气候

地球表面有75％被水覆盖，水的比热容较大，因此地球表面及大气圈的温度变化相对于其他星球要小得多。水的这个特征对沿海和内陆地区气候影响很大，白天沿海地区比内陆地区温升慢，夜晚沿海温度降低少，为此一天中沿海地区温度变

图2-16　水的反常膨胀现象：漂浮的冰山

化小，内陆温度变化大，一年之中夏季内陆比沿海炎热，冬季内陆比沿海寒冷。同理，在小区中适度规划人工湖或水景，也可改善小区微环境。

（2）缓解热岛效应

城市及周边的水体面积的增加，也可调节城市的微气候，缓解热岛效应。专家测算，一个中型城市环城绿化带树苗长成浓荫后，绿化带常年涵养水源相当于一座容积为1.14×

$10^7 \mathrm{m}^3$ 的中型水库。成都市在绕城环线建设 1000m 宽的湿地公园和"绿腰带"，旨在改善城市热环境减缓热岛效应。据新华社消息，三峡水库蓄水后，这个世界上最大的人工湖将成为一个天然"空调"，使山城重庆的气候冬暖夏凉。据估计，夏天气温可能会因此下降 5℃，冬天气温可能会上升 3~4℃。效果是否如媒体报道的那么显著？读者可以做相应的调查。

（3）设备冷却

在生产领域，人们很早就开始用水来冷却发热的机器设备，如电脑 CPU 散热，可以用水代替空气作为散热介质，水的比热容远远大于空气，通过水泵将内能增加的水带走，组成水冷系统。这样 CPU 产生的热量传输到水中后，水的温度不会明显上升，散热性能优于上述直接利用空气和风扇的系统。制冷系统的压缩机、大型风机、汽车的发动机、发电厂的发电机等冷却系统也用水作为冷却液，也是利用了水的比热容大这一特性。

（4）用作冷热媒

质量相同的水与其他物质相比，降低或升高相同的温度时，水放出或吸收的热量多，所以炎热地区的空调系统的冷冻和冷却，寒冷地区的供暖，一般用水作为冷热媒。

4. 水的蒸发

水的蒸发是因为水受热以后分子变得活跃而产生的。水要蒸发，就需要来自外部的一定能量。蒸发 1g 水需要约 2500J 的热量，因此人们在发烧时，用湿毛巾反复擦拭额头和面部，物理降温效果显著。

利用水的蒸发特性研究的冷却塔在本专业领域有广泛的应用。图 2-17 所示冷却塔是利用空气同水的接触来冷却水的设备，空气靠顶部风机的动力从下侧进风窗进入，需要冷却的水通过上部布水管均布到填料层中，最大限度与空气接触蒸发，热量被空气带走，被冷却的水在下部汇集后再回到系统中循环使用。

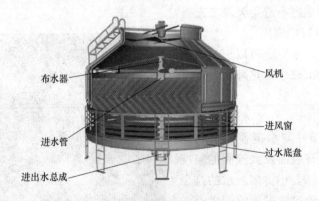

图 2-17　圆形逆流式冷却塔

利用水的蒸发特性还开发出了一种环保、高效、经济的蒸发冷却空调技术。与湿毛巾退烧的原理相似，若将风机吹出的空气与喷嘴喷出的水雾相遇，水蒸发使空气降温，这就是冷风机的原理。由于冷风机简便、节能、局部降温效果显著，上海世博会期间为长时间排队等候入场的观众缓解炎热难耐感受立下了汗马功劳。

5. 水蒸气的凝结

1g 水蒸气凝结时会放出 2500J 的热量。在建筑环境与能源应用领域有大量利用，如蒸汽供暖、余热回收等。其中，蒸汽供暖是指以蒸汽为热媒的供暖系统，凝结放热后凝结成水，凝结水经过疏水器后或集中排放或回收。

6. 水的凝固——冰的融化

平均每克冰在融化时会吸收 334J 的热量，这也就是为什么冰雪融化的时候最冷。在空调系统中，冰蓄冷是利用夜间电网多余的谷荷电力继续运转制冷机制冷，并以冰的形式储存起来，在白天用电高峰时将冰融化提供空调服务，减少电网高峰时段空调用电负荷及空调系统装机容量，从而避免空调争用白天的高峰电力。

2.4.2 大气的性质

空气是指构成地球周围大气的气体。无色、无味，主要成分是氮气和氧气，还有极少量的氦、氖、氩、氪、氙等稀有气体和水蒸气、二氧化碳和尘埃等。

在 0℃ 及一个标准大气压下（1.013×10^5 Pa），空气密度为 1.293g/L。

空气并非没有重量——一桶空气的重量大约相当于一本书中两页纸的重量。大气层中的空气始终给我们以压力，这种压力被称为大气压，人体每平方厘米上大约要承受一千克的重量。因为我们体内也有空气，这种压力体内外相等，所以，大气的压力才不会将我们压垮。

空气包裹在地球的外面，厚度达到数千千米。这一层厚厚的空气被称为大气层。大气层分为几个不同的层，这几个气层其实是相互融合在一起的（图 2-18）。我们生活在最下面的一层（即对流层）中。在同温层，空气要稀薄得多，这里有一种叫做"臭氧"（氧气的一种）的气体，它可以吸收太阳光中有害的紫外线。同温层的上面是电离层，这里有一层被称为离子的带电微粒。电离层的作用非常重要，它可以将无线电波反射到世界各地。若不考虑水蒸气、二氧化碳和各种碳氢化合物，则地面至 100km 高度的空气平均组成保持恒定值。在 25km 高空臭氧的含量有所增加。在更高的高空，空气的组成随高度而变，且明显地同每天的时间及太阳活动有关。

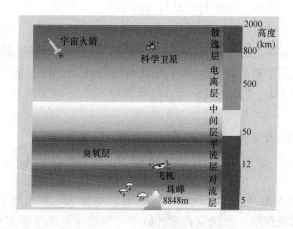

图 2-18　大气层示意图

【小贴士：大气压的故事——压水井】

1620 年代，意大利佛罗伦萨，大公在庄园打井，发现了地下水，但怎么也压不上水，于是向伽利略求助。伽利略通过测试庄园里不同的水井发现水位在 −10m 以下，就出不了水，但直至 1634 年他去世，也没用弄明白其中的原理。后来他的学生托里拆利通过不断的试验发现大气压力存在，并测试出为 100000Pa。

图 2-19　手压式水井

差不多 400 年过去了，伽利略弟子发现的规律，早已对科技进步产生了巨大的影响，但利用了大气压力特性的压水井仍然普遍存在于农村地区（图 2-19）】。

2.5　能源转化与应用的基本定律

建筑环境与能源应用必须遵循哪些最基本的规律呢?

2.5.1　能量转化与守恒定律

我们生活的这个世界存在形形色色的能源，诸如机械能、位能、化学能等。在物质内部也存在着各种形态的能量。在物质内部的能量统称为"内能"。如前所述，物态变化的动因是能量转移的结果，意味着物质内能的增减。能量转换与守恒定律的通俗表达形式为：能量既不会凭空产生，也不会凭空消失，它只会从一种形式转化为另一种形式，或者从一个物体转移到其他物体，而能量的总量保持不变。

从热力学角度能量守恒定律可以表述为：一个系统的总能量的改变只能等于传入或者传出该系统的能量的多少。总能量为系统的机械能、热能及除热能以外的任何内能形式的总和。如果一个系统处于孤立环境，即不可能有能量或质量传入或传出系统。对于此情形，能量守恒定律表述为："孤立系统的总能量保持不变"。能量守恒和转换定律也通常称为热力学第一定律。

对于封闭系统，热力学第一定律可表达为：

$$Q = \Delta U + W$$

$$或 \quad \delta Q = dU + \delta W$$

它表明向系统输入的热量 Q，等于系统内能的增量 ΔU 和系统对外界做功 W 之和。前述物态变化的情形更简单，系统没有对外做功，那么当系统（如水）的温度降低，意味着内能减少了，大小等于输入系统的热量（为负），即放出了热量。

可别小看这一发现，该定律的建立是科学先驱们在漫长研究过程中发现的科学真理。其科学地位建立后，促使第一次工业革命的爆发。如发明了以燃料内能转化为蒸汽热能做功的机器——热力机，蒸汽机火车就是典型的热力机（图 2-20），它推动了人类社会划时代的变革。

图 2-20　蒸汽动力火车

【小贴士：永动机的故事

科学的发展并非总是一帆风顺，有时也有波折。充满浪漫色彩的永动机试图在不获取能源的前提下使体系持续地向外界输出能量，从古至今，总有一些科学家乐此不疲。历史上最著名的第一类永动机是法国人亨内考在 13 世纪提出的"魔轮"（图 2-21），魔轮通过安放在转轮上一系列可动的悬臂实现永动，向下行方向的悬臂在重力作用下会向下落下，远离转轮中心，使得下行方向力矩加大，而上行方向的悬臂在重力作用下靠近转轮中心，力矩减小，力矩的不平衡驱动魔轮的转动，但由于左侧重垂数量更多，平衡了系统力矩，永动无法实现。15 世纪，著名学者达·芬奇也曾经设计了一个相同原理的类似装置，1667 年曾有人将达·芬奇的设计付诸实践，制造了一部直径 5m 的庞大机械，但是这些装置经过试验均以失败告终。除了利用力矩变化的魔轮，还有利用浮力、水力等原理的永动机问世，但是经过试验，已确认这些永动机方案失败或只是骗局，无一成功。】

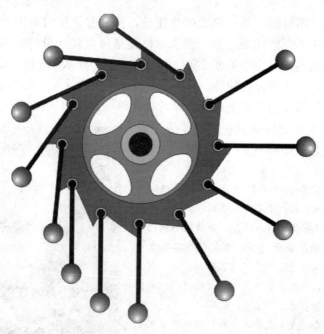

图 2-21　"魔轮"永动机

1842 年荷兰科学家迈尔提出能量守恒和转化定律；1843 年英国科学家詹姆斯·焦耳提出热力学第一定律，他们从理论上证明了能够凭空制造能量的第一类永动机是不能实现的。正因为这个科学发展史背景，热力学第一定律才有其独特的表述方式：第一类永动机不可能实现。旨在告诫人们别为此枉费心机。作为本专业从业人员，任何时候别犯这类原则性错误。

2.5.2　热力学第二定律

热力学第二定律是热力学的基本定律之一。这一定律的历史可追溯至尼古拉·卡诺对于热机效率的研究，及其于1824年提出的卡诺定理。定律有许多种表述，其中最具代表性的是克劳修斯表述（1850年）和开尔文表述（1851年），这些表述都可被证明是等价的。定律的数学表述主要借助鲁道夫·克劳修斯所引入的熵的概念，具体表述为克劳修斯定理。

这一定律本身及所引入的熵的概念对于物理学及其他科学领域有深远意义。定律本身可作为过程不可逆性及时间流向的判据。而路德维希·玻尔兹曼对于熵的微观解释——系统微观粒子无序程度的量度，更使这概念被引用到物理学之外诸多领域，如信息论及生态学等。

1. 克劳修斯表述

克劳修斯表述以热量传递的不可逆性为出发点，表述为：热量总是自发地从高温热源流向低温热源；或不可能把热量从低温物体传递到高温物体而不产生其他影响。

在建筑能源应用领域，虽然可以借助制冷机使热量从低温热源流向高温热源，但该过程是借助外界对制冷机做功实现的，即这过程除了有热量的传递，还有功转化为热的其他影响。

2. 开尔文表述

开尔文表述是：不可能从单一热源吸收能量，使之完全变为有用功而不产生其他影响，或第二类永动机不可能实现。第二类永动机是指可以将从单一热源吸热全部转化为功，但大量事实证明这个过程是不可能实现的。事实上，开尔文表述也是在大量证伪过程中发现的科学规律，故表述也很独特。对于建筑能源应用的从业人员，该定律告诉我们的基本常识是：功能够自发地、无条件地全部转化为热（如电热转换）；但热转化为功是有条件的，而且转化效率有所限制；也就是说功自发转化为热这一过程只能单向进行而不可逆。

【小贴士：

在热力学第一定律于1843年问世后，人们认识到能量是不能被凭空制造出来的，于是有人提出，设计一类装置，从海洋、大气乃至宇宙中吸取热能，并将这些热能作为驱动永动机转动和功输出的源头，这就是第二类永动机。这一大胆的设想既不违背能量守恒定律，又可从根本上解决能源环境问题，即使在当下也可谓大气磅礴、构思巧妙，令科学家们跃跃欲试。

几年后，德国人鲁道夫·克劳修斯和英国人开尔文在研究了卡诺循环和热力学第一定律后，分别于1850年和1851年提出了热力学第二定律。这一定律指出：不可能从单一热源吸取热量，使之完全变为有用功而不产生其他影响。热力学第二定律的提出宣判了第二类永动机的"死

克劳修斯

刑"，但是仍然有一批科学家不以为然，不撞南墙不回头。历史上首个成型的第二类永动机装置是1881年美国人约翰·嘎姆吉为美国海军设计的零发动机，这一装置利用海水的热量将液氨汽化，推动机械运转。但是这一装置无法持续运转，因为汽化后的液氨在没有低温热源存在的条件下无法重新液化，因而不能完成循环。】

以上说明：科学研究需要创新精神，敢于打破条条框框，挑战权威，但前提条件是遵循最基本的规律，前人经过大量实验证明的定律，没有必要再浪费时间，而需站在巨人肩膀上推动人类科学技术进步。

能量守恒定律告诉我们，能量不可能自生自灭，在能量转换与应用过程中，获得与损失的能量是相等的；热力学第一定律从数量上说明功和热量对系统内能改变在数量上的等价性；热力学第二定律揭示了热量与功的转化，及热量传递的不可逆性。这两个基本规律对于建筑能源应用领域从业者当铭记于心。

思 考 题

1. 什么是温度？温度怎么度量？
2. 什么是热？热的传递形式有哪些？
3. 水有哪些特性？如何从日常生活经验领会温度和热的概念？
4. 大气有何特点？
5. 为什么物态变化是本专业最根本的载体？
6. 能量转换与守恒定律是什么？你如何理解第一类永动机？
7. 什么是热力学第二定律？

第3章 建筑环境及调控原理

建筑是人类智慧发展到一定阶段的产物。从人类最早的树栖、穴居、巢居到创造出各式各样的建筑物，都是为了适应各地不同的外部环境。建筑的出现使人类能够适应各种气候条件，从炎热的、潮湿的热带雨林地区到冰冷的南极和北极地区。建筑的功能也从当初的抵御外界侵害、遮风避雨、防寒避暑的简单要求，发展到现代的创造舒适、健康的人居环境，以及能够满足特殊工业建筑要求的人工环境和人工气候室。因此，即使在当代，人与建筑、环境的关系仍然是适应、营造、调控，层次鲜明。让我们首先从建筑外环境说起。

3.1 建筑外环境

建筑物所在地的气候条件和外部环境，会通过围护结构直接影响到室内环境。为了得到良好的室内热湿环境以满足人们生活和生产的需要，必须了解当地的外部环境与气候条件。建筑外环境通常包括太阳辐射和气候条件。

3.1.1 太阳辐射

太阳是一个直径相当于地球 110 倍的高温气团，其表面温度约为 6000K，内部温度则高达 2×10^7 K。太阳表面不断以电磁辐射形式向宇宙空间发射出巨大的能量，其辐射波长范围为 $0.1 \mu m$ 的 X 射线到 100m 的无线电波。地球接收到的太阳能约为 1.7×10^{14} kW，仅占其辐射总能量的二十亿分之一左右。即使这样，它也相当于全世界总能耗的 1 万倍，可见其巨大。

由于反射、散射、吸收的共同影响，使到达地球表面的太阳辐射被削弱，辐射光谱也发生了变化。即大气层外的太阳辐射在通过大气层时，除一部分被吸收与阻隔外，到达地面的太阳辐射由两部分组成：一部分是太阳直接照射到地面的部分，称为直射辐射；另一部分是经过大气散射后到达地面的，称为散射辐射。直射辐射与散射辐射之和就是到达地面的太阳辐射能总和，称为总辐射，如图 3-1 所示。但实际上到达地面的太阳辐射能还有一部分，即被大气层吸收掉的太阳辐射会以长波辐射的形式将其中一部分能量送到地面。不过这部分能量相对于太阳总辐射能量来说很小。

到达地面的太阳辐射照度大小取决于地球对太阳的相对位置（太阳高度角和路径）以及大气透明度。太阳高度角为太阳照射方向与水平面的夹角。大气透明度是衡量大气透明程度的标志。水平面上太阳直射辐射照度与太阳高度角、大气透明度成正比。在低纬度地区，太阳高度角大，大气层厚度较薄，因而太阳直射照度较大。高纬度地区太阳高度角低，大气层厚度较厚，因此太阳直射辐射照度较小。又如，在中午太阳高度角大，太阳射线穿过大气层的射程短，直射辐射照度就大；早晨和傍晚的太阳高度角小，行程长，直射辐射照度就小。

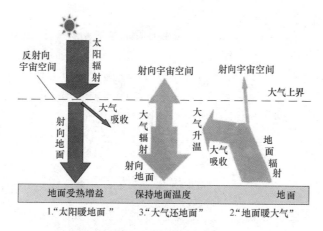

图 3-1　太阳能辐射

图 3-2 给出了北纬 40°全年各月水平面、南向表面和东西向表面每天获得的太阳总辐射照度。从图中可以看出，对于水平面来说，夏季总辐射照度达到最大；而南向垂直表面（南墙）在冬季所接受的总辐射照度为最大，感觉最温暖；东西墙面夏季得到的太阳辐射最多，冬季最少，夏季需防西晒；北向外墙一年四季得到的太阳辐射最少，冬季阴冷，这就是为什么处于北半球的中国多以坐北朝南方式修建建筑，以便营造更好的室内环境。

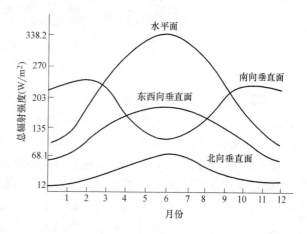

图 3-2　北纬 29.35°的太阳日总辐射照度

3.1.2　室外气候条件

室外气候因素包括大气压力、风、空气温湿度、降水等，都是由太阳辐射以及地球本身的物理性质决定的。

1. 大气压力

物体表面单位面积所受的大气分子的压力称为大气压强或大气压。大气压与气体分子数成正比。在重力场中，空气的分子数随高度的增加而呈指数减少，所以气压大体上也是随高度按指数降低的；由于空气密度与温度成反比，因此在陆地上的同一位置，冬季的大气压力要比夏季高，但变化范围仅在 5% 以内。

当地海拔越高，大气层中空气堆积厚度越小，大气压越低。图 3-3 为我国不同海拔城市多年平均大气压分布。北京海拔为 31m，大气压力为 101kPa；珠穆朗玛峰海拔为 8848m，大气压力为 31kPa，二者数值相差 3 倍以上。

2. 风

风是指由于大气压差所引起的大气水平方向的运动。通过上一章的学习我们知道大气压差与温度成反比，所以地表增温不仅是引起大气压差的主要原因，也是风形成的主要

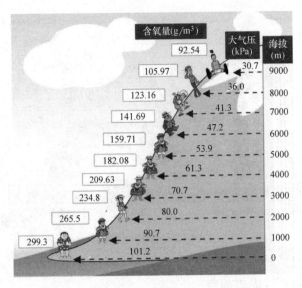

图 3-3　不同海拔城市多年平均大气压分布

成因。

　　风可以分为大气环流与地方风两大类。由于照射在地球上的太阳辐射不均匀，造成赤道和两极间的温差，由此引发大气从赤道到两极和从两极到赤道的经常性活动叫作大气环流，大气环流也是造成各地气候差异的主要原因。由于地表水陆分布、地势起伏、表面覆盖等地方性条件不同所引起的风叫作地方风，如海陆风、季风、山谷风、庭院风及巷道风等。海陆风与山谷风是由于局部地方受热不均而引起的，所以其变化以一昼夜为周期，风向产生日夜交替变化。季风是由于海陆间季节温差而引起的：冬季，大陆被强烈冷却，气压增高，季风从大陆吹向海洋；夏季，大陆强烈增温，气压降低，季风从海洋吹向大陆。因此，季风的变化是以年为周期的。我国东部地区夏季湿润多雨而冬季干燥，就是因为受强大季风的影响。我国季风大部分来自热带海洋，影响区域基本是东南和东北的大部分区域，夏季多为南风和东南风，冬季多为北风和西北风。

　　气象站一般以距平坦地面 10m 高处所测得的风向和风速作为当地的观测数据。在城市工业区布局及建筑物个体设计中，都要考虑风速、风向的影响。风速过大，可能危及建筑安全；若在城区上风向规划污染物排放大的产业区，则对城市环境影响很大。

　　3. 室外气温

　　室外气温主要指距地面 1.5m 高、背阴处的空气温度。一天内气温的最高值和最低值之差称为日较差。我国各地气温的日较差一般从东南向西北递增。例如青海省的玉树，夏季日较差达到 12.7℃；而山东省的青岛，夏季日较差只有 3.5℃。夏季日较差较大的地方，虽然白天气温较高，但夜晚凉爽，建筑易被冷却，感觉较为舒适；而日较差较小的地方，白天晚上都感觉炎热难耐。建筑为了适应气候，不同地区的劳动人民创造的建筑形式差异很大。我国多数地区夏季日较差在 5～10℃ 的范围内。一般在晴朗天气下，气温一昼夜的变化是有规律的，如图 3-4 所示，从图中可看出，气温日变化有一个最高值和最低值。最高值通常出现在下午 14：00 左右，而不是正午太阳高度角最大时刻；最低气温出现在日出前后，而不在午夜。这是由于空气与地面间因换热而增温或降温，都需要经历一段时间。

一年内最冷月和最热月的月平均气温差称为年较差。我国各地气温年较差自南到北，自沿海到内陆逐渐增大。华南和云贵高原为 10～20℃，长江流域增加到 20～30℃。华北和东北南部为 30～40℃，东北的北部和西部则超出了 40℃。年较差越大，反映冬、夏气候差异越大。

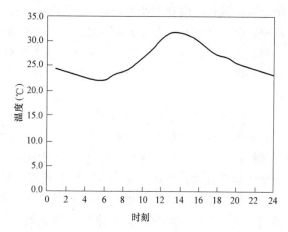

图 3-4　室外空气温度日变化

4. 空气湿度

通常以空气的相对湿度来表示空气的湿润或干燥程度。相对湿度的日变化通常与气温的日变化相反，空气温度升高则相对湿度减小。空气温度降低则相对湿度增大。在晴天，相对湿度最高值一般出现在黎明前后，夏季在 4：00～5：00，虽然此时空气中的水汽含量少，但温度低，故相对湿度大；最低值出现在午后，一般在 13：00～15：00，此时虽空气含水汽多（因蒸发较盛），但温度已达最高，故相对湿度最低。夏季相对湿度较大时，人体表面汗液难以蒸发，感觉闷热；相对湿度较低时，感觉干爽。我国因受海洋影响，南方大部分地区相对湿度在一年之内夏季最大，秋季最小；三北地区冬季特别干燥，加上风沙大，皮肤略显粗糙。华南地区和东南沿海一带在 3～5 月间温度还不高，又因春季海洋气团侵入，故相对湿度较大，所以南方地区在春夏之交气候较潮湿。室内地面常产生泛潮、结露等现象。

5. 降水

降水是指大地蒸发的水分进入大气层。凝结后又回到地面，包括雨、雪、冰雹等。我国降水量大体是由东南向西北递减。因受季风的影响，雨量都集中在夏季，变化率大，数量可观。华南地区的降水从 5 到 10 月，长江流域从 6 到 9 月间。梅雨是长江流域夏初气候的一个特殊现象，其特征是雨量缓而范围广，延续时间长，雨期为 20～25 天。珠江口和台湾南部由于受西南季风和台风影响，在 7、8 月间多暴雨，特征是雨量大、范围小、持续时间短。我国的降雪量在不同地区有很大差别，在北纬 35°以北到北纬 40°地段为降雪或多雪地区。雨水多的地区，建筑防水防潮要求更高。

3.1.3　我国气候分区

我国幅员辽阔，地形复杂。各地由于纬度、地势和地理条件不同，气候差异悬殊。根据气象资料表明，我国东部从漠河到三亚，最冷月（1月份）平均气温相差 50℃左右，相对湿度从东南到西北逐渐降低，一月份海南岛中部为 87%，拉萨仅为 29%，7 月份上海为 83%。吐鲁番为 31%。年降水量从东南向西北递减，我国台湾地区年降水量多达 3000mm，而塔里木盆地仅为 10mm。北部最大积雪深度可达 700mm，而南岭以南则为无雪区。

不同的气候条件对房屋建筑提出了不同的要求。为了满足炎热地区的通风、遮阳、隔热、寒冷地区的供暖、防冻和保温的需要，明确建筑和气候两者的科学联系，我国的《民用建筑热工设计规范》GB 50176 从建筑热工设计的角度出发，将全国建筑热工设计分为五个分区，其目的就在于使民用建筑（包括住宅、学校、医院、旅馆）的热工设计与地区气候相适应，保证室内基本热环境要求，符合国家节能方针。因此，用累年最冷月（1月）和最热月（7月）平均气温作为分区主要指标，累年日平均温度≤5℃和≥25℃的天数作为辅助指标，将全国划分成五个区，即严寒、寒冷、夏热冬冷、夏热冬暖和温和地区。

3.1.4 建筑外环境与内环境的关系

狭义的建筑环境是指建筑合围空间、建筑腔体中的环境。由于建筑围护结构对外环境的屏蔽作用，建筑外环境不会直接作用于室内，而是通过围护结构和室内使用条件发生非常复杂的耦合关系，形成特定的内环境。其关系是：①太阳辐射是地日相对位置、纬度、海拔、云层等不同，导致各地气候差异的主因，因此，不同地域的建筑，太阳辐射必然迥然不同，终会影响室内环境；②室外气候无疑会直接影响建筑的环境，如室外空气的温度、湿度等都会影响室内声光热湿环境；③建筑内环境的改善技术首要应因地制宜适应当地的室外气候条件；④建筑通风改善室内环境的有效性取决于当地气温变化规律，地源热泵运行效率的高低在很大程度上与低温的变化特性有关，风速风向影响风能利用，绿色建筑设计与当地外环境密切相关。因此，外环境与室内环境关系是很密切的。

除了上述外环境因素外，在我国城市化进程加快、资源能源消耗快速增长和环境日益恶化的背景下，还有两个比较重要的外环境因素：一是建筑外部空气品质越来越差；二是建筑周边背景噪声越来越大，将深刻影响室内环境并需改变因应策略。本章以后几节将分别介绍各种室内环境特性及调控原理。

3.2 建筑热湿环境特性及调控

建筑室内热环境由室内空气温度及室内各表面温度构成；而湿环境主要是指室内空气湿度。为了讲清原理，这里主要介绍以空气主导的热湿环境特性及调控原理。对于室内表面温度主导的热环境调控，属于被动式营造方法范畴，本书绪论章节有所提及，这里不再讲述。

空气无孔不入、无所不在，它时刻环绕在人的周围，因此，空气是建筑热湿环境最重要的载体。人所感受到的建筑热湿环境，较大程度上是室内空气的热湿状态。故而深刻认识空气的特性，是本专业最重要的内容之一。

完全不含水蒸气的空气称为干空气。干空气的主要成分为氮（体积百分比约为78%）、氧（21%）以及微量的氩、氖惰性气体和二氧化碳等。但自然界中，江、河、湖、海、土壤、植物叶片里的水分要蒸发汽化，因此大气中总是含有一些水蒸气。从非专业角度看，大气中水蒸气的含量及变化都较小，可以忽略不计。但是，人对大气中的水蒸气含量的多少是非常敏锐的，太低感觉空气干燥，太多又有"桑拿"之感，空气含湿量只有在特定范围才使人感觉比较舒适；特殊工艺要求、精密车间、电子厂房等对空气湿度要求更严苛。因此，对于建筑环境调控及能源应用工程领域而言，湿空气作为建筑热湿环境的重要载体，透彻了解湿空气的物理性质，是必不可少的。本节仅介绍入门知识。

3.2.1 湿空气的特性

在实际工程计算中，将湿空气视为理想气体，精度是足够的。则可用理想气体状态方

程式来表示干空气和水蒸气的主要状态参数——压力、温度、比体积等的相互关系，即

$$p_a V = m_a R_a T \text{ 或 } p_a v_a = R_a T \tag{3-1}$$

$$p_v V = m_v R_v T \text{ 或 } p_v v_v = R_v T \tag{3-2}$$

式中　p_a，p_v——干空气与水蒸气的压力，Pa；

　　　　V——湿空气的容积，m³；

　　　m_a，m_v——干空气与水蒸气的质量，kg；

　　　R_a，R_v——干空气与水蒸气的气体常数，$R_a = 287 \text{J/(kg · K)}$，$R_v = 461 \text{J/(kg · K)}$；

　　　　T——湿空气的热力学温度，K。

在建筑环境调控中，除湿空气的状态参数压力和温度外，还经常用到一些热力学参数，如含湿量、相对湿度、焓等重要物理特性，简介如下。

（1）含湿量（d）：湿空气中，所含水蒸气的质量 m_v 与干空气质量 m_a 之比，即每千克干空气所含有的水蒸气量，单位是 kg/kg。由式（3-1）与式（3-2）可导出：

$$d = m_v / m_a \qquad p = p_a + p_v \tag{3-3}$$

或按式（3-3）可得：

$$d = 0.622 p_v / p_a \qquad p = p_a + p_v \tag{3-4}$$

（2）相对湿度（φ）：空气中实际的水蒸气分压力与同温度下空气中饱和水蒸气分压力之比，用百分率表示，即

$$\varphi = p_v / p_a \times 100\% \tag{3-5}$$

式中　p_v——湿空气的水蒸气分压力；

　　　p_a——同温度下湿空气的饱和水蒸气分压力。

湿空气的相对湿度亦可近似地表示为含湿量 d 和同温度下饱和含湿量 d_s 之比，即

$$\varphi = d / d_s \times 100\% \tag{3-6}$$

这样计算的结果，可能会造成 2%～3% 的误差。

（3）焓（h）：表示湿空气内能的物理量，其定义为该物质的比热力学能 u 与压力 p、比体积 v 乘积的总和，即 $h = u + pv$。对理想气体 $h = u + pv = c_v T + RT = (c_v + R) T = c_p T = c_p (273 + t)$。其中 c_v 为比定容热容，c_p 为比定压热容。

若取 0℃ 的干空气和 0℃ 的水的焓值为 0，则 t（℃）时 1kg 干空气的焓 h_a（kJ/kg）为：

$$h_a = c_{p,a} t \tag{3-7}$$

式中　$c_{p,a}$——干空气的比定压热容，$c_{p,a} = 1.005 \text{kJ/(kg · ℃)}$，近似可取 1.01。

1kg 水蒸气的焓 h_v（kJ/kg）为

$$h_v = c_{p,v} t + 2500 \tag{3-8}$$

式中　$c_{p,v}$——水蒸气的比定压热容，$c_{p,v} = 1.84 \text{kJ/(kg · ℃)}$；

　　　2500——$t = 0$℃ 时水蒸气的汽化潜热。

显然，湿空气的焓（h）应等于 1kg 干空气的焓与共存的 $d$kg（或 g）水蒸气的焓之和，即

$$h = h_a + h_v = 1.01t + (2500 + 1.84t) d \tag{3-9}$$

式中，d 以 kg/kg 计。如以 g/kg 计则应改为 $h = 1.01t + (2500 + 1.84t) d / 1000$

顺便指出，在常温范围内，已知水的比热容为 4.19kJ/(kg · ℃)，则在 t℃ 下水蒸气

的汽化潜热 r_t 应为：

$$r_t = 2500 + 1.84t - 4.19t = 2500 - 2.35t \qquad (3-10)$$

（4）湿空气的密度（ρ）：应为干空气的密度与水蒸气的密度之和，即

$$\rho = \rho_a + \rho_v = p_a/R_a T + p_v/R_v T = 0.003484p/T - 0.00134P_v/T \qquad (3-11)$$

由于水蒸气的密度较小（ρ_v 小），故干空气与湿空气的密度在标准条件下（压力为 101325Pa，温度为 293K 或 20℃）相差较小，在工程上取 $\rho = 1.2\text{kg/m}^3$ 已足够精确。应该说明，在湿空气的含湿量与焓的计算中均以 1kg 干空气为基准，其原因在于含湿量是湿环境调控的重要指标，且干空气在热、湿调控过程中的质量是不变化的，而水蒸气量则可能变化较大。

（5）湿球温度：湿球温度是在定压绝热条件下，空气与水直接接触达到稳定热湿平衡时的绝热饱和温度，也称热力学湿球温度。利用普通水银温度计，将其球部用湿纱布包敷，则成为湿球温度计。纱布纤维的毛细作用，能从盛水容器内不断地吸水以湿润湿球表面。因此，湿球温度计所指示的温度值实际上是球表面水的温度。

（6）空气的露点温度：在含湿量不变的条件下，湿空气达到饱和时的温度。它也是湿空气的一个状态参数，它与 p_v 和 d 相关，因而不是独立参数。当湿空气被冷却时（或与某冷表面接触时），当湿空气温度小于或等于其露点温度，则会出现结露现象。夏日清晨禾苗上结的露珠，是因为叶片温度在天空冷辐射的作用下低于空气露点温度，湿空气中的水蒸气被凝结而成。因此，湿空气的露点温度也是判断是否结露的判据。

在大气压 p 一定的条件下，只要湿空气的参数 d、h、t、φ 中任意两个独立参数已知，那么通过以上公式可以计算出湿空气的任意其他特性。但因为计算公式较为繁琐，不直观形象，且环境调控是由各种过程组成，因此工程上习惯利用更方便、清晰的焓湿图，这将在专业课中介绍。

3.2.2 热湿环境调控原理

热湿环境调控是指对室内温度或/和湿度进行调节控制，它可以是对单一参数调控，也可是对两个参数同时进行调控。其实，大家对热湿环境调控并不陌生。夏天你有过打开窗户透气、打开换气扇通风、启动空调降温的经验吗？冬天你过使用暖风机的经历吗？这就是比较简单的热湿环境调控。根据建筑功能和要求不同，热湿环境调控的技术措施、调控过程及能耗代价也是不同的。如开窗、开电扇排除了余热，有明显的降温效果；供暖可以提升室内温度，改善室内舒适性，它们都是单一调节温度的。而分体式空调主要是降温，附带也有一定的除湿效果，属于比较简单的热湿调控方式。

若要同时调节空气温度和湿度，必须采用复杂的技术手段和调控过程才能实现。其基本要求是，将室外空气（新风）、回风及送风混合，达到室内预期的温、湿度设计工况。

1. 基本概念

新风：就是从室外引进的空气。新风的作用是提供室内所需要的氧气，稀释室内污染物，保证人体正常生活与健康的基本需要。其实，在环境污染日益严重的今天，新风并不是指新鲜，仅代表室外空气。

回风：就是从室内引出的空气，经过热质交换设备的处理再送回室内的环境中。

送风状态点：指的是为了消除室内的余热余湿，以保持室内空气环境要求，送入房间的空气的状态。

室内设计工况：根据我国《民用建筑供暖通风与空气调节设计规范》GB 50736—2012，舒适性空调室内计算参数为：①夏季室内温度 24～28℃，相对湿度 40%～65%（40%～70%）；②冬季室内温度 18～22℃（18～24℃），相对湿度 40%～60%（30%～60%）。是我们期望达到的调控状态。

冷（热）负荷：房间在外部气候和围护结构热工性能综合作用下，要维持预期的室内设计工况，外界须提供的冷（热）能量的大小；而新风冷负荷则是指要把室外空气调节到室内工况所需要提供的冷量大小。

2. 热湿环境的调控原理

夏季典型热湿环境调控系统原理如图 3-5 所示。通常，回风与新风混合后进行热质交换、并通过再热调节处理，达到送风状态 h_0，再送入房间与吸收了室内的余热和余湿的空气混合，其状态也由送风状态点变为室内工况 h_N，然后多余的室内空气排出室外（排风），从而保证室内空气环境为所要求的状态。调控原理本质上是空气质量平衡和能量守恒定律。

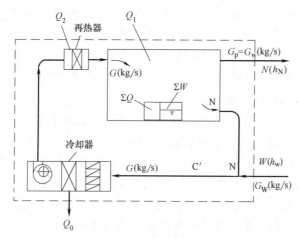

图 3-5　夏季典型热湿环境调控系统原理图

（1）调控系统的空气质量平衡

室外引进的新风量 G_w＝房间排风量 G_p；新风量 G_w＋回风量＝系统送风量 G；

（2）调控系统的热平衡

房间冷负荷 Q_1＋再热量 Q_2＋新风冷负荷 Q_3＝系统去除热量 Q_0＝系统供冷量

其中，房间冷负荷 Q_1 的大小由室外气象、室内热源湿源、设定条件及围护结构特性优劣决定（在暖通空调课程中介绍）；再热量 Q_2 由热质交换过程决定，因为单一的热质交换过程很难达到我们需要的送风状态点；新风冷负荷 Q_3 取决于新风量和室内外空气的焓差 $Q_3＝G_w(h_w-h_N)$。

需要指出：①在空调系统中，为得到同一送风状态点，可能有不同的调控途径。至于究竟采用哪种途径，则需结合冷源、热源、材料、设备等条件，经过技术经济分析比较才能最后确定。②因为室外空气状态偏离室内工况较远，新风量越大，调控系统供冷能耗越高，合理确定新风量至关重要。③若全部采用新风，回风量为零，能耗将会很高。④在保证室内卫生的前提下，尽量多地利用回风可以有利于节能。⑤为了保证室内空气品质，适当排出室内污浊空气（保证温湿度是设定工况），对于排风进行热回收，有利于能源的有效利用。

可见，热湿环境调控是按照需求分层次的，能够调节单参数的，没有必要调控两个参数，宜简不宜繁。这正是本专业之供暖、通风、空调解决不同环境调控问题的关键所在。

3.3 空气品质特性及调控

3.3.1 室内空气品质的重要性

在建筑室内环境中，室内空气品质是最重要的一个方面，与居民健康密切相关。人可以在缺少食物和水的环境下生活相当长的时间，而缺少空气 5min 就会窒息致死。在现代社会，污染无处不在。当遇到水污染时，我们可暂时避开受污染的水，饮用纯净水；但面临空气污染时，却不可不呼吸。所以，空气污染是人类面临的最严重的污染，据世界卫生组织统计，现代人类疾病的 80% 都与空气污染有关。

空气污染分为室外空气污染和室内空气污染。第二次世界大战结束后，随着全球的工业化，室外空气污染在全球得到了广泛的重视。但室内空气污染却直到 1980 年后才引起人们的注意。现在，由于人们对室内空气污染的认识加深，室内空气污染目前已经引起全球各国政府、公众和研究人员的高度重视，并诞生了一门崭新的学科——"室内空气品质（Indoor Air Quality，IAQ）"。这主要是因为：

（1）室内环境是人们接触最频繁、最密切的环境。在现代社会中，人们约有 80% 以上的时间是在室内度过的，与室内空气污染物的接触时间远远大于室外。

（2）室内空气中污染物的种类和来源日趋增多。由于人们生活水平的提高，家用燃料的消耗量、食用油的使用量、烹调菜肴的种类和数量等都在不断地增加；随着化工产品的增多，大量的能够挥发出有害物质的各种建筑材料、装饰材料、人造板家具等民用化工产品进入室内。因此，人们在室内接触的有害物质的种类和数量比以往明显增多。据统计，至今已发现的室内空气中的污染物有 3000 多种。

（3）建筑物密封程度的增加，使得室内污染物不易扩散，增加了室内人群与污染物的接触机会。随着世界能源的日趋紧张，包括发达国家在内的许多国家都十分重视节约能源。例如，许多建筑物都被设计和建造得非常密闭，以防室外的过冷或过热空气影响了室内的适宜温度；另外，使用空调的房间也尽量减少新风量的进入，以节省能量，这样严重影响了室内的通风换气。室内的污染物如果不能及时排出室外，在室内造成大量聚积，且室外的新鲜空气也不能正常地进入室内，除了严重地恶化室内空气品质外，对人体健康也会造成极大的危害。

至今，室内空气污染问题已成为许多国家极为关注的环境问题之一，室内空气品质的研究已经形成为建筑环境科学领域内一个新的重要组成部分。

3.3.2 室内空气品质的定义

室内空气品质（Indoor Air Quality，IAQ）的定义在最近的 20 多年内经历了许多的变化：最初，人们把室内空气品质几乎等价为一系列污染物浓度的指标；近年来，人们认识到这种纯客观的定义已不能完全涵盖室内空气品质的内容。

美国标准《满足可接受室内空气品质的通风要求》ASHRAE 62-1989 中定义：良好

的室内空气品质应该是"空气中没有已知的污染物达到公认的权威机构所确定的有害浓度指标，并且处于这种空气中的绝大多数人（≥80％）对此没有表示不满意"，这一定义体现了人们认识上的飞跃，它把客观评价和主观评价结合起来。不久，该组织在修订版ASHRAE 62-1989R 中，又提出了可接受的室内空气品质（Acceptable Indoor Air Quality）和感官可接受的室内空气品质（Acceptable Perceived Indoor Air Quality）等概念。

（1）可接受的室内空气品质：在占用的地方内，绝大多数的人没有对此空气表示不满意；同时空气内含有已知污染物的浓度足以严重威胁人体健康的可能性不大。

（2）感官可接受的室内空气品质：在占用的地方内，绝大多数的人没有因为气味或刺激性而表示不满意，它是达到可接受的室内空气品质的必要而非充分条件。

由于室内空气中有些气体，如氡、一氧化碳等没有气味，对人也没有刺激作用，不会被人感受到，却对人的危害很大。因而仅用感官可接受的室内空气品质是不够的，必须同时引入可接受的室内空气品质。

ASHRAE 62-1989R 中对室内空气品质的描述相对于其他定义，最明显的变化是它涵盖了客观指标和人的主观感受两个方面的内容，更科学和合理。因此，尽管当前各国学者对室内空气品质的定义仍存在着差异，但基本上都认同 ASHRAE 62-1989R 中的这 2 个定义。

3.3.3　调控原理与技术

为了有效控制室内污染、改善室内空气品质，需要对室内污染全过程有充分认识。

1. 污染物源头治理

从源头治理室内空气污染，是治理室内空气污染的根本之法。污染源头治理有以下几种：

（1）消除室内污染源。最好、最彻底的办法是消除室内污染源，比如，一些室内建筑装修材料含有大量的有机挥发物，研发具有相同功能但不含有害有机挥发物的材料可消除建筑装修材料引起的室内有机化学污染；又如，一些地毯吸收室内化学污染后会成为室内空气的二次污染源，因此，不用这类地毯就可消除其导致的污染。

（2）减小室内污染源散发强度。当室内污染源难以根除时，应考虑减少其散发强度。譬如，通过标准和法规对室内建筑材料中有害物含量进行限制就是行之有效的办法。我国制定了《室内建筑装饰装修材料有害物质限量》，该标准限定了室内装饰装修材料中一些有害物质的含量和散发速率，对于建筑物在装饰装修方面材料使用做了一定的限定，同时也对装饰装修材料的选择有一定的指导意义。

（3）污染源附近局部排风。对一些室内污染源，可采用局部排风的方法。譬如，厨房烹饪污染可采用抽油烟机解决，厕所异味可通过排气扇解决等。

2. 通新风稀释和合理组织气流

通新风是改善室内空气品质的一种行之有效的方法，其本质是提供人所必需的氧气并用室外污染物浓度低的空气来稀释室内污染物浓度高的空气。

美国标准 ASHRAE 62 和欧洲标准 CEN CR 1752 中，给出了感知空气品质不满意率和新风量的关系，见图 3-6。可

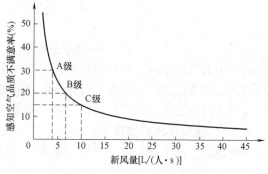

图 3-6　感知空气品质不满意率和新风量的关系

见，随着新风量加大，感知室内空气品质不满意率下降。考虑到新风量加大时，新风处理能耗也会加大，因此，针对不同工程采用的新风量会有所不同。

3. 空气净化

空气净化是指从空气中分离和去除一种或多种污染物，实现这种功能的设备称为空气净化器。使用空气净化器是改善室内空气质量、创造健康舒适的室内环境十分有效的方

法。空气净化是室内空气污染源头控制和通风稀释不能解决问题时不可或缺的补充。此外，在冬季供暖、夏季使用空调期间，采用增加新风量来改善室内空气质量，需要将室外进来的空气加热或冷却至舒适温度而耗费大量能源，使用空气净化器改善室内空气质量，可减少新风量，降低采暖或空调能耗。

目前空气净化的方法主要有：过滤器过滤、吸附净化法、纳米光催化降解 VOCs、臭氧法、紫外线照射法、等离子体净化和其他净化技术，

图 3-7　显微镜下的过滤器

图 3-7 是显微镜下过滤器纤维和颗粒物尺寸。

过滤器按照过滤效率的高低可分为粗效过滤器、中效过滤器、高效过滤器和静电集尘器。图 3-8 是几种常见过滤器的示意图。

(a)　　　　　　　(b)　　　　　　　(c)　　　　　　　(d)

图 3-8　几种常见过滤器的示意图
(a) 粗效过滤器；(b) 中效过滤器；(c) 高效过滤器；(d) 高效袋式过滤器

3.4　建筑通风及调控

一年四季中，建筑所处的外环境变化很大，建筑的功能各有不同，任何单一的调控方式都有一定的适用范围。如空调只适合于室外炎热或寒冷的时候；室外凉爽宜人时开启空调费用高又不节能减排；某些工厂建筑余热余湿粉尘排放大，如何通过经济可行、节能环保的技术手段营造建筑室内环境、改善工作条件呢？

3.4.1　建筑通风的作用

所谓通风，就是把室外空气通过某种方式引入室内，改善室内环境品质的调控技术手段。

作用 1：若室外空气温湿度处于舒适范围且较为清洁时，引入室外空气带走室内余热

余湿，置换室内污浊空气，既可减少空调运行时间、节能减排，又可营造一种更加亲和自然、卫生、健康的居住环境。

作用2：把高污染厂房室内被污染的空气直接或经净化后排至室外，把新鲜空气补充进来，从而保持室内的空气环境符合卫生标准和满足生产工艺的需要。

一般的民用建筑和一些发热量小而且污染轻微的小型工业厂房，通常只要求保持室内的空气清洁新鲜，并在一定程度上改善室内的小气候——空气的温度、相对湿度和流动速度。为此，一般只需采取一些简单的措施，如通过窗孔换气、利用穿堂风降温、使用电风扇提高空气的流速等。在这些情况下，无论对进风或排风，都不进行处理。

在工业生产的许多车间中，伴随着生产过程放散出大量的热、湿、各种工业粉尘以及有害气体和蒸汽。这种情况下如不采取防护措施，势必恶化车间的空气环境，危害工人的健康，影响生产的正常进行，损坏机具设备和建筑结构；而且，大量的工业粉尘和有害气体排入大气，又必然导致大气污染，不仅影响周边群众的健康，也危及各种动植物的正常生长；何况有许多工业粉尘和气体又是值得回收的原材料。这时通风的任务，就是要对工业有害物采取有效的防护措施，以消除其对工人健康和生产的危害，创造良好的劳动条件，同时尽可能对它们回收利用，化害为利，并切实做到防止大气污染。这样的通风叫作"工业通风"。

可见，建筑通风不仅是改善室内空气环境的一种手段，而且也是保证产品质量、促进生产发展和防止大气污染的重要措施之一。

3.4.2 调控类型及原理

1. 自然通风

自然通风是借助于自然压力——"风压"或"热压"促使空气流动的。

所谓风压，就是由于室外气流（风力）造成室内外空气交换的一种作用压力。在风压作用下，室外空气通过建筑物迎风面上的门、窗孔口进入室内，室内空气则通过背风面及侧面上的门、窗孔口排出。图3-9是利用风压所形成的"穿堂风"进行全面通风的示意图。

热压是由于室内外空气的温度不同而形成的重力压差。当室内空气的温度高于室外时，室外空气的密度较大，便从房屋下部的门、窗孔口进入室内，室内空气的密度小则从上部的窗口排出。

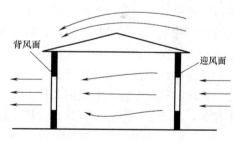

图3-9　风压作用下的自然通风

在图3-9表示的自然通风方式中，空气是通过建筑围护结构的门、窗孔口进、出房间的，可以根据设计计算获得需要的空气量，也可以通过改变孔口开启面积大小的方法来调节风量，因此称为有组织的自然通风，通常简称自然通风。利用风压进行全面换气，是一般民用建筑普遍应用的一种通风方式。我国南方炎热地区的一些高温车间，很多也是以利用穿堂风为主来进行通风降温的。

同时，利用风压和热压（图3-10）以及无风时只利用热压进行全面换气，是对高温车间防暑降温的一种最经济有效的通风措施，它不消耗电能，而且往往可以获得较大的换气量，应用非常广泛。

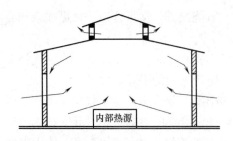

图 3-10　利用风压和热压的自然通风

自然通风的突出优点是不需要动力设备，因此比较经济，使用管理也比较简单。缺点是：其一，由于作用压力较小，故对进风和排风都较难进行处理；其二，由于风压和热压均受自然条件的约束，因此换气量难以有效控制，通风效果不够稳定。

2. 机械通风

机械通风是依靠风机产生的压力强制空气流动。

机械通风可分为局部机械通风和全面机械通风。

图 3-11 表示在产生有害物的房间设置局部机械送风系统，而进风来自不产生有害物的邻室和由本房间自然进风。这样，通过机械排风造成一定的负压，可防止有害物向卫生条件较好的邻室扩散。在寒冷地区，冬季为保证室内要求的卫生条件，自然进风所消耗的热量应由供暖设备来补偿。如果该项热负荷较大，致使增设的供暖设备过多而在技术经济上不合理时，则应设置有加热处理的机械送风系统。这时为防止有害物向邻室扩散，可使机械进风量略小于机械排风量。

机械通风由于作用压力的大小可以根据需要确定，而不像自然通风受到自然条件的限制，因此可以通过管道把空气送到室内指定的地点，也可以从

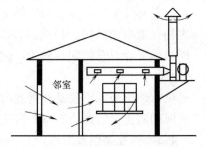

图 3-11　局部机械排风系统

任意地点按要求的吸风速度排向被污染的空气，适当地组织室内气流的方向；并且根据需要可以对进风或排风进行各种处理；此外，也便于调节通风量和稳定通风效果。但是，风机运转时消耗电能，风机和风道等设备要占用一定的建筑面积和空间，因而工程设备费和维护费较大，安装和管理都较为复杂。

应该指出，根据能量转换与守恒定律，机械通风的风机所消耗的电能，最终将会转化为空气的热能和动能排入大气损失掉了。根据热力学第二定律，回收它要付出高昂代价，得不偿失，经济上不可行。因此，对待工程问题，需要从正反两个方面辩证分析。

3.5　建筑光环境特性及调控

在信息年代，人们每天接受的信息成千上万，其中 80％是靠眼睛获得的。舒适的建筑光环境不仅可以减少人的视觉疲劳、提高生产效率，对人的身体健康特别是视力健康也有好处。但是，若光线不足、采光不合理则会导致工作效率下降，甚至是事故的发生。因此具备一定的建筑光学基本知识是建筑环境与能源应用工程专业人员所必须的。

3.5.1　视觉与光环境的重要性

视觉就是辐射进入人眼所产生的光感觉而产生的对外界的认识理解，所以这个过程不仅需要外界条件对眼睛神经系统的刺激，而且需要大脑对由此产生的脉冲信号进行解释和判断。因此视觉不是简单的"看"，它包含着"看与理解"。

视觉的形成可以分为四个阶段：①光源（太阳或灯）发出光辐射；②外界景物在光照射下产生颜色、明暗和形体的差异，相当于形成二次光源；③二次光源发出不同颜色、强度的光信号进入人眼瞳孔，借助眼球调视、在视网膜上成像；④视网膜上接受光刺激（即物象）变为脉冲信号，经视神经传给大脑，通过大脑的解释、分析、判断而产生视觉。

上述过程表明，视觉的形成既依赖眼睛的生理机能和大脑的视觉经验，又和照明状况密切相关。人的眼睛和视觉，就是长期在自然光照射下演变进化的。

舒适光环境的意义在于：对人的精神状态和心理感受都产生积极的影响。例如对于生产、工作和学习的场所，良好的光环境能振奋精神，提高工作效率和产品质量；对于休息、娱乐的公共场所，适宜的光环境能创造舒适、优雅、活泼生动或庄重严肃的气氛（图3-12）。

舒适光环境的主要影响因素包括：照度、亮度、光色、周围亮度、视野外的亮度分布、眩光、阴影等。

图 3-12　营造舒适的建筑光环境

3.5.2　建筑光环境的特性

1. 光的性质

光是一种电磁辐射形式的能源。这种能源是有不同物质的原子结构作用而辐射出来的，并且这种能源在广泛的范围内起着作用。尽管不同形式的电磁辐射射在与物质作用时表现出很大的不同性，但它们在传播过程中有着相同的特性。光是一种如此特殊的电磁辐射，它能被人的视觉所感知。能够被人眼所感知的电磁辐射范围在整个电磁辐射光谱中只是非常狭窄的一部分，如图 3-13 所示。

2. 光通量

辐射体以电磁辐射的形式向四面八方辐射能量。单位时间内辐射体的能量称辐射功率或者辐射量 Φ。相应的辐射通量中被人眼感觉为光的那部分能量称为光通量，即在波长 $380\sim780$nm 的范围内辐射出的并被人眼感觉到的辐射通量。光通量是说明光源发光能力的基本量，单位流明（lm）。它是描述光源基本特性的参数之一。如 100W 普通白炽灯发出的光通量为 1250lm，40W 日光色荧光灯发出的光通量为 2000lm。

3. 发光强度

光通量只是说明了光源的发光能力，并没有表示出光源所发出光通量在空间分布情况。例如同样是 100W 的普通白炽灯，带有灯罩和不带灯罩在室内形成的光分布是完全不

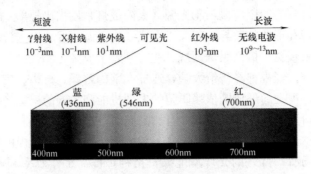

图 3-13　电磁光谱

同的。因此，仅仅知道光源光通量是不够的，还必须了解表示光通量在空间分布状况的参数，即光通量的空间密度，称为发光强度，常用符号 I 表示。

光源在某一方向的发光强度定义为光源在这方向上单位立体角内发出的光通量，单位为坎德拉（cd），即

$$I=\frac{\mathrm{d}\Phi}{\mathrm{d}\Omega}(\mathrm{cd})$$

发光强度和光通量均是描述光源特性的参数，二者缺一不可。一只裸露的 40W 白炽灯发出的光通量为 350lm，它的平均发光强度为 350/4π＝28cd；若在其上加一白色搪瓷灯罩，灯的正下方发光强度能提高到 70～80cd；若配上一个聚焦合适的镜面反射灯罩，则灯下方的发光强度可以高达数百坎德拉。在后两种情况下，光源的光通量没有任何变化，只是光通量在空间的分布更为集中。

4. 照度

对于被照面而言，常用落在其单位面积上的光通量的数值表示它被照射的程度，这就是常用的照度，记作 E，表示被照面上的光通量密度。若照射到表面一点面元上的光通量为 dΦ，该面元的面积为 dS，则有

$$E=\frac{\mathrm{d}\Phi}{\mathrm{d}S}(\mathrm{lx})$$

照度的常用单位为勒克斯（lx），等于 1lm 的光通量均匀分布在 $1\mathrm{m}^2$ 的被照面上。晴天中午室外地平面上的照度为 80000～120000lx；阴天中午地平面照度为 8000～20000lx；在装有 40W 白炽灯的台灯下看书，桌面照度平均值为 200～300lx；而月光下的照度只有几个勒克斯。

照度可以直接相加，几个光源同时照射被照面时，其上的照度为单个光源分别存在时形成的照度的代数和。

5. 亮度

亮度是将某一正在发射光线的表面的明亮程度定量表示出来的量。在光度单位中，它是唯一能引起眼睛视感觉的量。虽然在光环境设计中经常用照度及照度分布（均匀度）来衡量光环境优劣，但就视觉过程说来，眼睛并不直接接受照射在物体上的照度的作用，而是通过物体的反射或透射，将一定亮度作用于眼睛。亮度又分为物理亮度和主观亮度。

3.5.3　建筑光环境的调控技术

什么样的光环境能满足视觉的要求，是确定设计标准的依据。良好光环境的基本要素

可以通过使用者的意见和反映得到。为了建立人对光环境的主观评价与客观评价之间的对应关系，世界各国的科学工作者进行了大量的研究工作，通过大量视觉功效的心理物理实验，找出了评价光环境质量的客观标准，为制定光环境设计标准提供了依据。舒适光环境要素包括几方面：适当的照度或亮度水平，合理的照度分布，舒适的亮度分布，宜人的光色，避免眩光干扰，光的方向性和立体感。

1. 天然采光的调控技术

天然采光是对自然能源的利用，是实现可持续建筑的途径之一；天然采光更能满足室内人员对于室外的视觉沟通的心理需求，从而更有利于工作效率和产品质量的提高。然而，外窗又是建筑外围护结构热工性能的薄弱环节，所以利用自然光调控应该综合考虑节能和改善室内环境质量两方面。

自然光源应用太阳光（Daylight）作为光源。日光（Sunlight）在通过地球大气层时被空气中的尘埃和气体分子扩散，结果，白天的天空呈现出一定的亮度，这就是天空光（Skylight）。昼光是直射日光与天空光的总和。地面照度来源于日光和天空光，其比例随太阳高度和天气而变化。

我国地域辽阔，同一时刻南、北方的太阳高度角相差很大，为此在采光设计中将全国划为五个光气候区，各地可利用的天然采光资源差异巨大。

典型的天然采光技术有：

（1）单侧窗：适合用于在进深不大，仅有一面外墙的房间，以居住建筑居多。

（2）双侧窗：在相对两面侧墙上开窗能将采光增加一倍，同时缓和实墙与窗洞间的亮度对比。相邻两面墙上都开侧窗，在缓和墙与窗的对比上效果更加显著，但采光进深增加有限。

（3）矩形天窗：在单层工业厂房中，矩形天窗应用很普遍。图 3-14（a）是矩形天窗的透视简图，它实质上相当于提高位置的成对高侧窗。在各类天窗中，它的采光效率（进光量与窗洞面积的比）最低，但眩光小，便于组织自然通风。矩形天窗的采光效率取决于窗子与房间剖面尺寸，如天窗跨度、天窗位置的高低与天窗的间距、窗子的倾斜度。

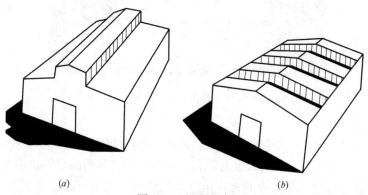

（a）   （b）

图 3-14　矩形天窗

（4）平天窗：平天窗的形式很多，其共同点是采光口位于水平面或接近水平面（图 3-15）。因此，它们比所有其他类型的窗子采光效率都高得多，约为矩形天窗的 2～2.5 倍。平天窗采用透明的窗玻璃材料时，日光很容易长时间照进室内，不仅产生眩光，而且夏季强烈的热辐射会造成室内过热，所以，热带地区使用平天窗一定要采取措施遮蔽直射阳光，加强通风降温。

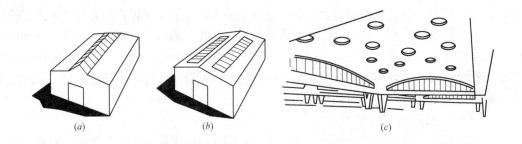

图 3-15　平天窗

（5）采光新技术：近年来，对于将昼光引进室内的新技术进行了许多研究，并出现了一些建筑设计工程案例。其意义在于：第一，增加室内可用的昼光数量；第二，提高离窗远的区域的昼光比例；第三，使不可能接收到天然光的地方也能享受天然采光。

采光方法大体有三类：①利用镜反射表面，将日光反射到需要的空间。②通过设在屋顶上的定日镜跟踪太阳，将获取的日光汇集成光束，经过光学系统的多次反射、折射后，引入需要的空间，再经过漫射供室内环境照明。这种方法已在美国明尼苏达大学土木矿业馆作为试点，用作地下室的天然采光（图 3-16）。③通过光导纤维或导光管，将日光传送到需要照明的空间，甚至可以借助光导纤维"看"到室外景物。这种光导纤维，要能有效地长距离传送高度集中光通量才行。

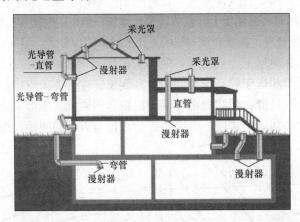

图 3-16　太阳光学系统为地下室提供天然光照明

2. 人工照明的调控

天然光具有很多优点，但它的应用受到时间和地点的限制。建筑物内不仅在夜间必须采用人工照明，在某些场合，白天也需要人工照明。人工照明的目的是按照人的生理、心理和社会的需求，创造一个人为的光环境。人工照明主要可分为工作照明（或功能性照明）和装饰照明（或艺术性照明）。前者主要着眼于满足人们生理上、生活上和工作上的实际需要，具有实用性目的；后者主要满足人们心理上、精神上和社会上的观赏需要，具有艺术性的目的。在考虑人工照明时，既要确定光源、灯具、安装功率和解决照明质量等问题，还需要同时考虑相应的供电线路和设备。

人工光源按其发光机理可分为热辐射光源、气体放电光源及电光源 LED。

（1）热辐射光源

热辐射光源靠通电加热钨丝，使其处于炽热状态而发光。代表性的热辐射光源有：①普通白炽灯：白炽灯是一种利用电流通过细钨丝所产生的高温而发光的热辐射光源。它发出的可见光以长波为主，与天然光相比，其光色偏红，因此不适合用于需要仔细分辨颜色的场所。此外，灯丝亮度很高，易形成眩光。人工光源发出的光通量与它消耗的电功率之比称该光源的发光效率，简称光效，单位为 lm/W，是表示人工光源节能性的指标。白炽灯的光效不高，仅在 $12\sim20$lm/W 左右，97%以上的电能都以热辐射的形式损失掉了。白炽灯也具有其他一些光源所不具备的优点。如无频闪现象；高度的集光性，便于光的再分配；良好的调光性，有利于光的调节；开关频繁程度对寿命影响小；体积小，构造简单，价格便宜，使用方便等优点。所以仍是一种广泛使用的光源。②卤钨灯：为避免普通白炽灯透光率下降的缺点，将卤族元素（如碘、溴等）充入灯泡内，它能和游离态的钨化合成气态的卤化钨。这种化合物很不稳定，在靠近高温的灯丝时会发生分解，分解出的钨重新附着在灯丝上，而卤族又继续进行新的循环，这种卤钨循环作用消除了灯泡的黑化，延缓了灯丝的蒸发，将灯的发光效率提高到 20lm/W 以上，寿命也延长到 1500h 左右。卤钨循环必须在高温下进行，要求灯泡内保持高温，因此，卤钨灯要比普通白炽灯体积小得多。

（2）气体放电光源

气体放电光源是利用气体放电产生的气体离子发光的原理制成的（图 3-17）。弧光灯适用的填充气体范围从氢气到氙气，包括汞-氙气和钠-氙气；汞弧光是非常有效的紫外光源，其大部分输出在紫外波段（特别接近 254nm）；氢和氙灯在紫外波段能产生强连续光谱，短波输出主要受限于窗口的光源透过性能；外界电场加速放电管中的电子，通过气体（包括某些金属蒸气）放电而导致原子发光的光谱，如日光灯、汞灯、钠灯、金属卤化物灯气体放电有弧光放电和辉光放电两种，放电电压有低气压、高气压和超高气压

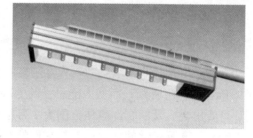

图 3-17　气体放电光源

3 种。弧光放电光源包括：荧光灯、低压钠灯等低气压气体放电灯、高压汞灯、高压钠灯、金属卤化物灯等。

（3）电光源 LED，发光二极管

LED 是一种能够将电能转化为可见光的固态的半导体器件，它可以直接把电转化为光。LED 的心脏是一个半导体的晶片，晶片的一端附在一个支架上，一端是负极，另一端连接电源的正极，使整个晶片被环氧树脂封装起来。其主要特点是节能、环保。白光 LED 的能耗仅为白炽灯的 1/10，节能灯的 1/4，不含铅、汞等污染元素，对环境没有任何污染；纯直流工作，消除了传统光源频闪引起的视觉疲劳，寿命可达 10 万 h 以上（图 3-18）。

图 3-18　LED 光源的应用

3.6 建筑声环境特性及调控

3.6.1 建筑声环境特性

1. 声音的基本特性

人耳能听到的声波频率范围约在 20~20000Hz 之间，低于 20Hz 的声波称为次声，高于 20000Hz 的称为超声。次声和超声都不能被人耳听到。它具有以下几个方面表征。

（1）声功率 W

声功率是指声源在单位时间内向外辐射的声能，单位为 W 或 μW。声源声功率有时指的是在某个频带的声功率，此时需注明所指的频率范围。

声源辐射的声功率是属于声源本身的一种特性，不因环境条件的不同而改变。一般人讲话的声功率是很小的，稍微提高嗓音时约 50μW；即使 100 万人同时讲话，也只是相当于一个 50W 电灯泡的功率。

（2）声强 I 与声压

声强是衡量声波在传播过程中声音强弱的物理量，单位是 W/m²。声场中某一点的声强，是指在单位时间内，该点处垂直于声波传播方向上的单位面积所通过的声能。在无反射声波的自由场中，点声源发出的球面波，均匀地向四周辐射声能。因此，距声源中心为 r 的球面上的声强为：

$$I = \frac{W}{4\pi r^2} \tag{3-12}$$

式中 W——声源声功率，W。

人耳对声音是非常敏感的，人耳刚能听见的下限声强为 10^{-12}W/m²，下限声压为 2×10^{-5}Pa，称作可听阈；而使人能忍受的上限声强为 1W/m²。上限声压为 20Pa，称作烦恼阈。可看出，人耳的容许声强范围为 1 万亿倍，声压相差也达 100 万倍。同时，声强与声压的变化与人耳感觉的变化也是与它们的对数值近似成正比，因此引入了"级"的概念。

（3）级与声压级

所谓级是作相对比较的量。如声压以 10 倍为一级划分，声压比值写成 10^n 形式，从可听阈到烦恼阈可划分为 $10^0 \sim 10^6$ 共七级。n 就是级值，但七个级别太少，所以将其乘以 20，把这个区段的声压级划分为 0~120 分贝（dB）。即：

$$L_p = 20\lg\frac{P}{P_0} \tag{3-13}$$

式中 L_p——声压级，dB；

   P_0——参考声压，以可听阈 2×10^{-5}Pa 为参考值。

从式（3-13）可以看出：声压变化 10 倍，相当于声压级变化 20dB。

（4）声源的指向性

声源在辐射声音时，声音强度分布的一个重要特性为指向性。当声源的尺度比波长小得多时，可以看作无方向性的"点声源"，在距声源中心等距离处的声压级相等。当声源的尺度与波长相差不多或更大时，它就不能看作是点声源，而应看成由许多点声源组成，叠加后各方向的辐射就不一样，因而具有指向性，在距声源中心等距离的不同方向的空间位置处的声压级不相等。声源尺寸比波长大得越多，指向性就越强。

2. 听觉特性

尽管人对声音的主观要求是十分复杂的，与年龄、身体条件、心理状态等因素有着密切的关系。但最低的要求则是比较一致的，即想听的声音要能听清，不需要的声音则应降低到最低的干扰程度。

(1) 人耳的频率响应与等响曲线

人耳对声音的响应并不是在所有频率上都是一样的。人耳对 2000～4000Hz 的声音最敏感；在低于 1000Hz 时，人耳的灵敏度随频率的降低而降低；而在 4000Hz 以上，人耳的灵敏度也逐渐下降。也就是说，相同声压级的不同频率的声音，人耳听起来是不一样响的。

(2) 掩蔽效应

人耳对一个声音的听觉灵敏度因为另一个声音的存在而降低的现象叫"掩蔽效应"，听阈所提高的分贝数叫"掩蔽量"，提高后的听阈叫"掩蔽阈"。因此，一个声音能被听到的条件是这个声音的声压级不仅要超过听者的听阈，而且要超过其所在背景噪声环境中的掩蔽阈。一个声音被另一个声音所掩蔽的程度，即掩蔽量，取决于这二个声音的频谱、二者的声压级差和二者达到听者耳朵的时间和相位关系。

(3) 双耳听闻效应（方位感）

同一声源发出的声音传至人耳时，由于到达双耳的声波之间存在一定的时间差、位相差和强度差，使人耳能够知道声音来自哪个方向，双耳的这种辨别声源方向的能力称为方位感。方位感很强的声音更能吸引人的注意力，即使多个声源同时发声，人耳也能分辨出它们各自所在的方向。因此，往往声源方位感明显的噪声也更容易引起人心理上的烦躁，而无明确方位感的噪声则易被人忽略。所以，在利用掩蔽效应进行噪声控制时，应尽量弱化掩蔽声源的方位感。

(4) 听觉疲劳和听力损失

人们在强烈噪声环境里经过一段时间后，会出现听阈提高的现象，即听力有所下降。如果这种情况持续时间不长，则在安静环境中停留一段，听力就会逐渐恢复。这种听阈暂时提高，即听力下降，事后可以恢复的现象称为听觉疲劳。如果听力下降是永久性不可恢复的，则称为听力损失。一个人的听力损失通常用他的听阈比公认的正常听阈高出的分贝数表示。

3.6.2 噪声的评价

噪声的定义是：凡是人们不愿听的各种声音都是噪声。因此，一首优美的歌曲对欣赏者是一种享受，而对一个下夜班需要休息的人则是引起反感的噪声。交通噪声在白天人们还可以勉强接受或容忍，而对夜间需要休息的人则是无法忍受的。噪声评价是对各种环境条件下的噪声作出影响评价，并用可测量计算的评价指标来表示影响的程度。

(1) A 声级 L_A（或 L_{pA}）

A 声级由声级计上的 A 计权网络直接读出，用 L_A 或 L_{pA} 表示，单位是 dB (A)。A 声级反映了人耳对不同频率声音响度的计权。此外，A 声级同噪声对人耳听力的损害程度也能对应得很好，因此是目前国际上使用最广泛的环境噪声评价方法。

(2) 等效连续 A 声级

建立在能量平均概念上的等效连续 A 声级，被广泛应用于各种噪声环境的评价。但它对偶发的短时的高声级噪声不敏感。昼夜等效声级 L_{dh} 一般噪声在晚上比白天更容易引起人们的烦恼。根据研究结果表明，夜间噪声对人的干扰约比白天大 10dB 左右。因此，计算一天 24h 的等效声级时，夜间的噪声要加上 10dB 的计权，这样得到的等效声级称为昼夜等效声级。

（3）累积分布声级 L

实际的环境噪声并不都是恒定的。对于随时间随机起伏变化的噪声（如城市交通噪声）如何评价呢？累积分布声级就是用声级出现的累积概率来表示这类噪声的大小。累积分布声级 L_x 表示 $X\%$ 测量时间的噪声所超过的声级。例如 L10＝70dB，表示有 10％的测量时间内声级超过 70dB，而其他 90％时间的噪声级低于 70dB。

3.6.3 噪声的控制与治理方法

噪声污染是一种造成空气物理性质变化的暂时性污染，噪声源停止发声，污染立即消失。噪声的防治主要是控制声源的输出和噪声的传播途径，以及对接收者进行保护。

1. 声源的噪声控制

降低声源噪声辐射是控制噪声最根本和最有效的措施。可通过改进结构设计、改进加工工艺、提高加工精度等措施来降低噪声的辐射，还可以采取吸声、隔声、减振等技术措施，以及安装消声器等控制声源的噪声辐射。许多设备，如风机、制冷压缩机、发电机、电动机等都可以采用隔声罩降低其噪声的干扰。隔声罩通常是兼有隔声、吸声、阻尼、隔振、通风和消声等功能的综合体，根据具体使用要求，也可使隔声罩只具有其中几项功能。

2. 在传声途径中的控制

（1）利用噪声在传播中的自然衰减作用。使噪声源远离安静的地方；

（2）声源的辐射一般有指向性，因此，控制噪声的传播方向是降低高频噪声的有效措施；

（3）建立隔声屏障或利用隔声材料和隔声结构来阻挡噪声的传播；

（4）应用吸声材料和吸声结构，将传播中的声能吸收消耗；

（5）对固体振动产生的噪声采取隔振措施，以减弱噪声的传播。

在建筑布局设计时应按照"闹静分开"的原则对噪声源的位置合理地布置。例如将高噪声的空调机房和冷热源机房尽量与办公室、会议室、客房分开。高噪声的设备尽可能集中布置，便于采取局部隔离措施。

另外，改变噪声传播的方向或途径也是很重要的一种控制措施。例如，对于辐射中高频噪声的大口径管道，将它的出口朝向上或朝向野外；对车间内产生强烈噪声的小口径高速排气管道，则将其出口引至室外，使高速空气向上排放。这样在改善室内声环境的同时也避免严重影响室外声环境。

3. 在接收点的噪声控制

为了防止噪声对人的危害，可在接收点采取以下防护措施：①佩戴护耳器，如耳塞、耳罩、防噪头盔等；②减少在噪声中暴露的时间。

合理地选择噪声控制措施是根据投入的费用、噪声允许标准、劳动生产效率等有关因素进行综合分析而确定的。

思 考 题

1. 建筑外环境包括哪些内容？它对室内环境有哪些可能的影响？
2. 建筑热湿环境由哪些要素构成？空气的热湿环境的调控原理是什么？
3. 什么是室内空气品质环境？调控的方法有哪些？
4. 建筑通风对于调控哪些环境要素有帮助？通风的方式有哪些？
5. 建筑光环境有哪些特点？建筑光环境调控的方法和技术有哪些？
6. 建筑声环境有哪些特点？
7. 建筑声环境与建筑围护结构、设备系统有何关系？调控的方法和技术有哪些？

第4章　建筑环境工程概论

建筑环境工程是建筑环境与能源应用工程学科最基本的组成部分，它是利用建筑环控的基本理论和工程技术相关的原理和方法，合理利用自然资源、能源，调控建筑室内热湿声光环境，以提高室内生产生活居住环境质量。建筑环境工程的主要内容包括空调工程、供暖工程、声光调控工程等。首先简单讲解人对环境的热感觉和舒适感。

4.1　人的热感觉与舒适感

所谓热感觉是指人对环境温度高低和冷热的感受；舒适感包括了热舒适感、光环境与声环境舒适感。

4.1.1　人对温度的感觉

人体皮肤组织结构复杂，存在一个缜密的为人体安全、健康服务的预警系统。外界作用在人的皮肤上会产生4种感觉：触感、痛感、温感和冷感；对应的感觉点分别为压点、痛点、温点和冷点。其中痛点最多最密，每$1cm^2$的皮肤上平均有90～150个痛点；其次是压点，每$1cm^2$的皮肤上就有6～23个压点；再次是冷点，每$1cm^2$的皮肤上有1～7个冷点；温点的数量最少，每$1cm^2$的皮肤上平均只有0～3个温点（图4-1）。感觉点布局的多少体现了对人体安全的重要性，人类进化的自然选择可谓巧夺天工！

我们之所以可以通过皮肤感觉到外界环境的冷热，正是因为温度感觉点的大量存在。温点感受到高于身体的温度时，向神经系统发出热的信号，人这时就有温感；冷点感受到低于身体的温度时，向神经系统发出

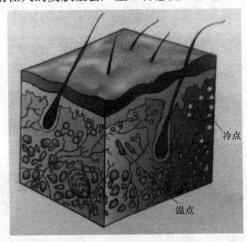

图4-1　人皮肤上冷点和温点

冷的信号，人这时就有冷感。其实根据身体部位的不同，冷点和温点的个数有着很大的差别。手掌上每$1cm^2$的皮肤上有平均1～5个冷点、0.4个温点。但是在腿上，每$1cm^2$却有6～17个冷点、0.3～0.4个温点。

读到这里，结合你的切身感受，你悟出什么了呢？冬天更怕冷。每当天气转凉的时候，人们就开始唠叨着"天气真冷"，比起炎热来说，人们对寒冷更为敏感。这不仅因为冷点比温点多，而且冷点比温点更接近皮肤表面，所以人们就对寒冷更加敏感。

4.1.2　人的热感觉

人是一种高度复杂的恒温动物，体温一般维持在36.5℃左右。人对热冷的感觉是由

体表热冷细胞感知、并向大脑中枢神经发出信号。图 4-2 是不同室温下人体温度分布情况。

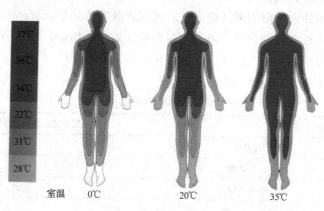

图 4-2　不同室温下人体温度分布

大脑接受冷热信号后，人体对热环境会做出相应的生理反应、生理调节、行为调节，以尽快适应环境。

（1）生理调节：体内温度升高时，血液循环和心跳加快，皮肤表层血管膨胀，分泌汗液蒸发降温。体内温度降低时，皮肤表层血管收缩、减少出汗，以防止热量散失。人体出汗是由汗腺分泌的，约有 3 百万条汗腺（每平方厘米约 410 条汗管）。出汗分为：无感出汗（每天 0.6L 水）、有感出汗和泌离汗腺排汗。

（2）行为调节：当人体生理调节仍然满足不了人体的要求时，人们可通过行为调节来适应热环境，包括增减衣服、开窗、开空调或暖气等。

尽管人体可通过生理调节来适应热环境，但调节具有一定的局限性。当体温升高到40℃时，头脑开始不清楚，42℃时，皮肤有疼痛感。而体温下降到33℃左右时，人体开始打寒颤，28℃开始失去知觉。人体在干热的空气中，可靠出汗维持生存；在空气温度100℃的环境中只可生存近 30min。需要指出的是，但凡需要靠生理调节，大脑就会有环境热不舒适的条件反射了。

4.1.3　人的热舒适

人体体内不断新陈代谢，不断发出热量。如果这种热量不能通过传导、对流和辐射而即时散热的话，人体温度就会升高，从而感到不同程度的热。如果这种热量小于通过传导、对流和辐射的散热量，人体温度就会下降，从而感到不同程度的冷。

人体通过自身的热平衡和感觉到的环境状况，综合起来获得是否舒适的感觉。舒适感觉是生理和心理上的。热舒适在 ASHARE Standard 54-1992 中定义为：人体对热环境表示满意的意识状态。Bedford 的七点标度把热感觉和热舒适合二为一，Gagge 和 Fanger 等均认为"热舒适"指的是人体处于不冷不热的"中性"状态，即认为"中性"的热感觉就是热舒适。表 4-1 是 Bedford 标度和 ASHRAE 标度。

4.1.4　热舒适的影响因素

人体为了维持正常的体温，必须使产热和散热保持平衡。人体的热平衡可以用式（4-1）表示：

$$M—W—C—R—E—S=0$$

（4-1）

式中　M——人体能量代谢率，决定于人体的活动量大小，W/m^2；

　　　W——人体所做机械功，W/m^2；

　　　C——人体外表面向周围环境通过对流形式散发的热量，W/m^2；

　　　R——人体外表面向周围环境通过辐射形式散发的热量，W/m^2；

　　　E——汗液蒸发和呼出的水蒸气所带走的热量，W/m^2；

　　　S——人体蓄热率，W/m^2。

Bedford 和 ASHRAE 的七点标度　　　　　　　　　　　表 4-1

贝氏标度		ASHRAE 热感觉标度	
7	过分暖和	+3	热
6	太暖和	+2	暖
5	令人不舒适	+1	稍暖
4	舒适(不冷)	0	中性
3	令人舒适的	—1	稍凉
2	太凉快	—2	凉
1	过分凉快	3	冷

影响人体热舒适的主要因素包括以下几个方面：

（1）空气温度：是影响人体热舒适的主要因素，它直接影响人体通过对流及辐射的显热交换。人体对温度的感觉相当灵敏，如夏天气温高 2℃，你就会明显感觉比前一天热多了。

（2）空气湿度：空气湿度增加，一方面会导致皮肤表面的汗液蒸发能力减弱，人体热量不易散发；另一方面由于人体单位表面积的蒸发换热量下降会导致蒸发换热的表面积增大，从而增加人体的湿表面积，即增加了皮肤的湿润度，被感受为皮肤的"黏着性"的增加从而导致了热不舒适感。

（3）空气流速：在炎热环境中，空气流动能为人体提供新鲜的空气，并在一定程度上加快人体的对流散热和蒸发散热，从而增加人体的冷感，提供冷却效果，使人体达到热舒适。显然，在寒冷环境中，空气流速的增加会带来极不舒适感。空气流速除了影响人体与环境的显热和潜热交换速率外，还影响人体的皮肤触觉感受，人们把这种气流造成的不舒适感觉叫作"吹风感（Draft）"。

（4）辐射温度：温度在绝对零度以上的一切物体都发出辐射，人在室内与室内各物体之间存在着辐射热交换。对于大多数房间来说，环境辐射温度都会或多或少地有一些不均匀。例如，由于窗的保温一般比墙体保温差，所以坐在窗前的人，会明显感到身体局部受到来自窗户表面的冷热辐射。若你有机会到帐篷之类的建筑里去感受一下炙烤的感受，理解就更加深刻了。

（5）大气压力：大气压力既影响对流换热又影响蒸发速率。当环境压力下降时，其对流换热量略有减少，故满足舒适要求的环境温度可能有所下降；另一方面按质传递理论，低气压有利于蒸发，故满足舒适要求的环境温度略有上升。具体的人体舒适温度的变化是二者综合作用的结果。

（6）人体的能量代谢：即人体新陈代谢反应过程中能量释放的速率。人体的能量代谢率受到多种因素的影响，如肌肉活动强度、环境温度、性别、年龄、神经紧张程度、进食后时间的长短等。其中肌肉活动强度对代谢率起决定性的影响。当进行 1000m 长跑时，为什么会大汗淋漓？因为这时的代谢率达到了 3met 以上，只有通过排汗来排除多余热量。

（7）服装热阻：通过增减衣服、改变着装类型可以适应环境，这是每个人的生活常识。在皮肤和人体最外层衣服表面之间的热传递很复杂，它包括介于空间内部的对流和辐射过程，以及通过衣服本身的热传递，因此衣服热阻也是影响人体热舒适性的重要因素。一般用服装热阻来说明着装人体通过皮肤向衣服外层散热的总传热阻力，clo 的定义是一个静坐者在 21℃ 空气温度、空气流速不超过 0.05m/s、相对湿度不超过 50% 的环境中感到舒适所需要的服装热阻，相当于内穿衬衣外穿普通外衣时的服装热阻。夏季服装一般为 0.5clo，冬季一般为 1.5~2.0clo。

（8）其他因素：还有一些因素普遍被人们认为会影响人体的热舒适感。例如年龄、性别、季节、人种等。

4.1.5 视觉与听觉的舒适

1. 视觉舒适

建筑照明有 3 个目的：

（1）使室内人员安全地工作和行动；

（2）以合适的节奏准确完成工作；

（3）使人身心愉悦。

在任何环境中，人们安全舒适地做好任何工作都是必要的。从简单的安全行走，到进行一些视觉要求较高的活动都是如此。如博物馆复原工作，文字和色彩精度很重要。为更好"看"，就需要充足的光线，但又不能太强。视野范围内很强的光源会导致眩晕，以致视觉不适甚至失明。

建筑内部照明提供几项功能：使工作进行、人员安全行动，也可以用来引起注意或是制造气氛。尽管如此，对空间视觉的主观反应取决于更多的因素，就像形容光照空间的词汇一样多种多样，"明亮"、"昏暗"、"阴沉"、"低亮度"和"高亮度"等。

2. 听觉舒适

人对外部世界信息的感觉，30% 是通过听觉得到的。美妙的声音使人愉悦，噪声使人心烦意乱。良好的室内听觉环境能够改进人们的生活品质。

4.2 空 调 工 程

4.2.1 空气调节

空气调节简称空调，指在某一特定空间或房间内，对空气温度、湿度、洁净度和空气流动速度等进行调节与控制，以满足人们工作、生活和工艺生产过程的要求。而空调系统是指为了达到一定温、湿度等参数要求而需要采用空调技术的室内空间及其所使用的各种设备和管网的总称。

空气调节应用于以人为主的室内环境调节称为"舒适性空调"，而应用于工业、医疗及科学实验过程一般称为"工艺性空调"。

工艺性空调是为生产工艺过程或设备运行创造必要环境条件的空调系统。由于工业生产类型及各种高精度设备运行条件不同，因此工艺性空调的功能、系统形式等也有很大差别。如：以高精度恒温恒湿为特征的精密机械及仪器制造业的生产过程，为避免元器件由于温度变化产生胀缩及湿度过大引起表面锈蚀，一般严格规定环境的基准温度和相对湿度。而在电子工业中，除有一定的温湿度要求外，尤为重要的是保证室内空气的清洁度。

舒适性空调是为室内人员创造舒适健康环境的空调系统。其室内空气计算参数根据满足人体热舒适的需求确定，对空调精度没有严格的要求，如民用建筑、飞机、列车、汽车等场合的空调系统。

4.2.2 空调发展史

伴随着科技的进步，建筑由初期简单的庇护所逐步发展成舒适性建筑、节能型建筑、健康建筑、可持续性建筑以及绿色建筑——在建筑的全寿命周期内，最大限度地节约资源，保护环境和减少污染，为人们提供健康、适用和高效的使用空间，与自然和谐共生的建筑。空调的发展也可分成三个历程：

1. 早期空调方法

通风：靠建筑能工巧匠凭经验设计获得自然通风。

制冷：1815 年，BOSTON 的 Frederic Tudor 开始用船向温暖地区运天然冰。1864年，其业务遍布南美、远东、中国、菲律宾、印度和澳大利亚。

2. 机械空调出现

机械空调的出现主要经历了以下发展历程：

1805 年，蒸汽压缩制冷被提出；

1834 年，做出了蒸汽压缩制冷机械模型；

1850 年代初，做了进一步的蒸汽压缩制冷实验；

1867 年，在圣安东尼奥建成蒸汽锅炉驱动的制冷装置；

1890 年代，出现最早的电动压缩机；

1890 年代，蒸汽发动机成为制冷和通风（离心风机）的动力；

1890 年代，制作成了由风机和喷水室组成的空调系统；

1900 年，已经正式使用并制作出机械冷却空气的系统；

1900 年以后，热风系统出现，与冷风系统合并；

1900 年代，美国印刷厂采用风机和喷水室组成的空调系统，应用于工业建筑；

1902 年，美国人开利（Willis. H. Carrier）为萨克斯·威廉斯印刷出版公司安装了世界上第一台空气调节系统；

1922 年，由开利研制出了第一台离心式冷冻机。

早期最著名的舒适性空调工程，是 1925 年纽约市百老汇的 Rivoli 电影院（图 4-3）。当时，人们对科技进步惊叹不已，纷纷排队购票体验在人造清凉环境中欣赏电影艺术的美妙感受，衣冠楚楚地展示绅士风度和淑女气质。

3. 现代空调技术

现代空调技术高度发展经历了几次洗礼：①20 世纪 50 年代，高层建筑热；②20 世纪 70 年代，石油危机；③20 世纪 80 年代，新技术革命（第三次浪潮）；④20 世纪 90 年代，信息革命。空调工程已经渗透到社会各个领域的建筑物中，如：

工业建筑：电子、精密仪器、纺织、烟草、音像制品、制药、化工、生物——为了提

图 4-3　观众排队进入装有空调的 Rivoli 电影院

高产品质量（图 4-4、图 4-5）；

商用建筑：商场、影剧院、体育设施、写字楼、会议厅、餐饮设施、娱乐设施——为了提高品位、吸引顾客和增加营业额（图 4-6，图 4-8）；

居住建筑：宾馆客房、住宅、医院病房、幼儿园——为了居住者的舒适；

交通建筑及交通工具：飞机、船舶、火车、地铁、汽车——为了乘客的舒适与健康（图 4-7，图 4-9）；

特殊用途：手术室、实验室、果菜储藏、温室、宇航、军事、核能——满足特殊需要。

图 4-4　工业建筑应用——工艺冷源需求

图 4-5　棉纺车间

图 4-6 星级酒店大堂

图 4-7 机场大厅

图 4-8 商用建筑——广州亚运会
综合体育场馆室内游泳场

图 4-9 交通工具

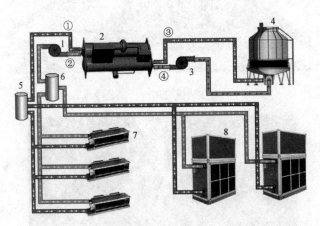

图 4-10 集中式空调系统工作原理图

1—冷冻水泵；2—中央空调主机；3—冷却水泵；4—冷却塔；

5—分水器；6—集水器；7—风机盘管；8—空气处理机；

①—冷冻水供水（7℃）；②—冷冻水回水（12℃）；

③—冷却水回收（37℃）；④—冷却水供水（32℃）。

4.2.3 空调工程的系统类型

目前空调系统种类繁多，常用分类有两种方法：根据空气处理设备的集中程度可分为集中式、半集中式和分散式空调系统；根据负担室内负荷所用的介质种类可分为全空气系统、全水系统、空气-水系统和冷剂系统。每种系统都有各自的优势和不足之处以及适应范围，随着应用对象的不同有不同的形式。一个典型的空调系统应由空调冷热源、空气处理设备、空调风系统、空调水系统及空调自动控制和调节装置五大部分组成（图4-10），更系统的知识由后续课程介绍。

4.3 供暖工程

供暖又称采暖，是指给建筑物供应热量，以保持一定的室内温暖环境。

4.3.1 建筑供暖的发展史

用火取暖，早在原始社会初期就有（图4-11，图4-12）。火种的发明，一是为了烧煮食物，二是为了冬天取暖。古人为了随意挪动火堆，保存火种，便把火种放在烧制的陶器里，这个陶器就叫"炉"或"灶"。古时人们取暖多用木炭，一般人家都有炭盆，比较讲究的炭盆是用铜或铁制成的，普通的用泥土烧制的炭盆。

图4-11 原始时代生活取暖

图4-12 古希腊人的采暖方式

到了唐代，人们用金属制成的"手炉"和"脚炉"取暖。"手炉"呈椭圆形，里面放木炭或尚有余热的灶炭，炉外加罩，可以放在袖子里取暖。"脚炉"即"暖足瓶"，俗称"汤婆子"，里面灌上热水，睡觉时放在被窝里。宋代黄庭坚有"千钱买脚婆，夜夜睡天明"的诗句，指的就是这种暖具。

至于"火炕"，其历史已有2000年以上了，《诗经·小雅·瓠叶》记载："炕火目炙"意思是举着物品放在火上烤炙，但与后世的火炕不尽相同。火炕源于古代的"火窝子"，也叫"烧地卧土"。因为古人在农垦、耕种、游牧、狩猎时，常常在野外露宿，就地掘土挖炕，炕内点燃柴草，待柴草燃尽炕受热后，铺上兽皮、草叶睡觉。这样，"火窝子"既可取暖，又可防止野兽偷袭。因为野兽看见土坑，疑是陷阱，畏退不前。《汉书》中记载苏武在匈奴牧羊十九年，说他"凿地为坑，置口火度日"，睡的就是"火窝子"。以后，随着人们住所的安定，"火窝子"就跟着人们进了村舍。

"火窝子"演变为火炕，可能经历了漫长的过程。因为当时生产力低下，人们与"火"

相依为命，时时离不开它，所以就想办法研究改进：第一阶段人们垒土为洞，支撑天然石板，防止火光外溢，免得酿成火灾；第二阶段和做饭的锅灶相连；第三阶段火炕后端加上烟囱，防止烟气呛人；第四阶段给火炕前后两端加了"落火膛"，增加了燃料二次燃烧和防止倒烟的设施，这时火炕已基本完备。

图 4-13　火炕

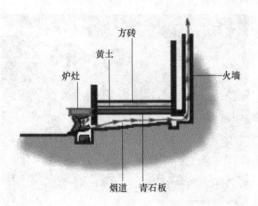

图 4-14　火墙及其构造

在北方，不仅平民百姓睡火炕（图4-13、图 4-14），就是皇宫中也使用火炕。北京故宫的储秀宫是慈禧太后居住的地方，屋里就建有火炕。火炕除供取暖睡觉外，还有医治风湿性关节炎的理疗作用，并应用到农业生产上。最早的暖窖，就与火炕有关。用火炕培育地瓜秧苗的方法，在辽宁、山东、河南等地至今仍很流行。

提到暖气，人们以为是从西方传进我国的，其实，早在 100 多年前，我国就用暖气来取暖了。清代《野语》一书中曾有记载："武林（杭州）有公馆一座……中有暖宫两楹，地铺方砖，其下承以锡槽，天寒则自外注灌热水，暖气上达，举座皆温。"书中所说的暖气，取暖原理与今天的暖气基本相同。

供暖又称采暖，指向建筑物供给热量，保持一定的室内温度。1909 年，时任中国地学会首任会长张相文从自然地理分区角度，提出将秦岭—淮河作为中国南北的分界线。它是中国地理气候的分界带，秦岭对冷热空气有阻挡作用，南方处于温带季风与亚热带季风气候，冬天最低气温不低于−5℃，且低温时间持续较短。划这条分界线的初衷，是为当地建筑和农作物种植做参考。20 世纪 50 年代，在"能源奇缺"的背景下，周恩来总理提出以秦岭—淮河为界，划定北方地区为集中供暖区域。

每到冬季，我国北方地区（尤其东北、西北、华北地区）天气寒冷且持续时间较长，为保障人民群众的正常生活和工作必须对室内供暖。因此，北方地区冬季供暖多以集中供热方式为主（图 4-15），而南方地区冬季供暖多以家用空调、电暖器制热为主（图 4-16）。

热用户

供热管道

大型锅炉房

图 4-15　集中供热系统

随着经济的发展和人民生活水平的提高，南方地区冬季供暖越来越普遍，且出现了一些集中空调和供暖乃至生活热水一体化供应的大型工程。

图 4-16　不同形式的电暖器

4.3.2　集中供热工程

集中供热工程的系统由热源、热网和热用户三部分组成。

1. 热源

集中供热系统的热源主要来源于燃料燃烧产生的热量，将热媒（水或蒸汽）加热后向热用户供热。锅炉是集中供热系统中的热源设备，根据供热介质不同，可分为热水锅炉及蒸汽锅炉（图 4-17）。此外，热源也可利用太阳能、核能、电能及工业余热等。在供热系统中热源设备相当于人的"心脏"。

2. 热网

热网由输热干线、配热干线或支线等组成。输热干线从热源引出，一般不接支线；配热干线从输热干线或直接从热源引出，通过配热支线向用户供热，其作用是通过网络源源不断地向热用户输送热量，它们相当于人的"动脉及毛细血管"。供热管有地下敷设和地上敷设两种方式（图 4-18）。

图 4-17　供热热源

图 4-18　供热管网

3. 热用户

集中供热系统的热用户有供暖、通风、热水供应、空气调节、工艺生产等用热系统。散热器向房间散热以补充房间的热损失从而保持室内所要求的温度。它将供暖系统的热媒（蒸汽或热水）所携带的热量，通过散热器壁面传给房间。目前，市场常见的散热器类型为铸铁散热器、钢制散热器、铝制散热器（图 4-19～图 4-21）。

图 4-22～图 4-25 是不同形式集中供热系统示意图。

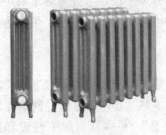

图 4-19　铸铁散热器

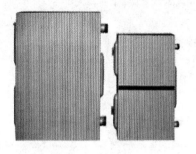

图 4-20　钢制散热器

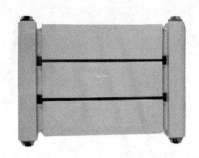

图 4-21　铝制散热器

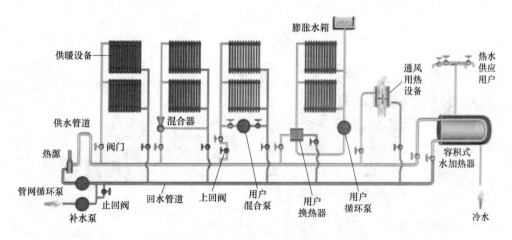

图 4-22　热水管网与用户的连接方式

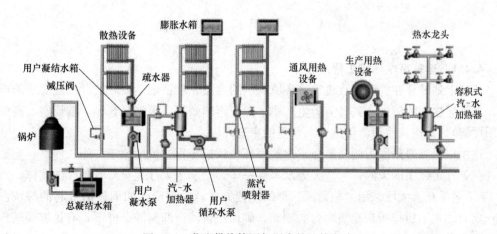

图 4-23　蒸汽供热管网与用户的连接方式

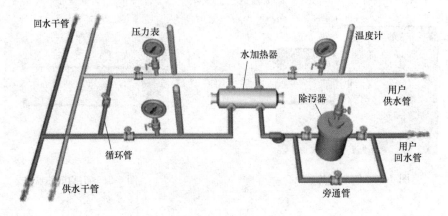

图 4-24 设水-水加热器的间接连接

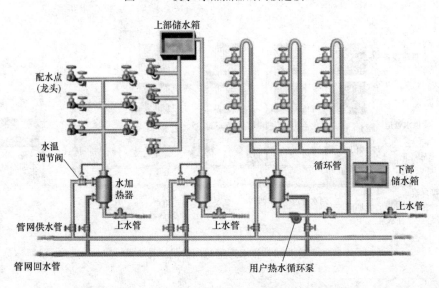

图 4-25 双管闭式热水供热网与热水供应用户的连接形式

4.4 声光环境调控工程

4.4.1 建筑声学环控工程

地球上到处存在着声音。建筑声环境控制的意义在于：创造良好的、满足要求的声环境，保证居住者的健康，提高劳动生产率，保证声响效果要求（录音棚、演播室、高保真音乐厅等），为建筑使用者创造一个合适的声音环境。

这里以星海音乐厅为例简要介绍建筑声环境调控工程。该厅位于广州二沙岛，造型奇特，犹如江边欲飞的天鹅，与蓝天碧水浑然一体。交响乐大厅是星海音乐厅的主体，可容纳 1437 名听众。大厅采用"葡萄园"形的配置方式，在演奏台四周逐渐升起的部位设置听众席，缩短了后排听众至演奏台的距离，确保在自然声演奏的条件下，有足够强的声响度。为了营造更好的声环境，在演奏台上悬吊了 12 个弦长 3.2m、曲率半径为 2.6m 的球切面反射体（图 4-26），其目的除了消除回声和声聚焦以外，还可加强乐师间的相互听站，提高演奏的整体性。同时也使堂座前区和厢座听众获得较强的顶部早期反射声。为加强听众席后座的声强，在球切面反射体周围设置了锥状和弧形定向反射板，以此获得厅内均匀的声场分布。

在一般的民用建筑中，声环境的调控也很重要。有效屏蔽外界噪声，防止建筑中设备、管道声音传递是居住者生活工作质量的有效保障；建筑空间之间的隔声是确保私密性的基本需要。

图 4-26　演奏台悬吊 12 个球切面反射体

4.4.2　建筑光学环境调控工程

就人的视觉来说，没有光也就没有一切。光不仅是人们视觉功能的需要，也是审美的载体。光可以形成空间，改变空间或者破坏空间，它直接影响到人对物体大小、形状、质地和色彩的感知。

世界第八高建筑——金茂大厦（Jin Mao Tower），对光环境设计上有独特的考虑。其中金茂君悦大酒店是世界上最高的酒店，它拥有高 31 层的中庭，也是世界上最高的中庭之一，身临其境，向上仰望，层层优雅地被金黄色灯光勾勒出的呈 360°弧形、叠叠上升

图 4-27　君悦酒店中庭

的线条，宁静安祥，犹如古代的宝塔，给人祥和吉庆之感，令人叹为观止（图4-27）。

建筑光环境营造技术有两种，一是自然采光，二是人工照明。天然光源光谱连续，亲和力强，生态环保，可满足人的心理和生理需要。人工光源可控性好，但能源消耗大。由于建筑需要全天候使用，且现代建筑体量越来越大，纯粹的自然采光很难满足光环境的需求，往往需要两种技术相结合。

因此，营造令人满意的室内光环境，需要充分利用自然采光，合理设计高效节能的人工照明系统，避免过高的能源消耗，这是一门很深的学问，有待深入学习。

思 考 题

1. 人为什么对冷特别敏感？
2. 人在什么状态下会向中枢神经发出热不舒适的条件反射？
3. 人适应环境的生理调节和行为调节方式有哪些？
4. 影响热舒适的因素有哪些？
5. 现代空调包括哪些类型？
6. 集中供热工程由哪些主要部分组成？

第5章　建筑环境的健康与安全工程概论

与建筑环境的舒适性相比，室内环境的卫生、健康与安全尤其重要。

5.1　建筑环境的健康

5.1.1　室内空气品质与健康

室内空气品质一般以室内各种污染物浓度指标高低来衡量。现代建筑采用大量装饰材料，各种涂料、油漆，办公家具和工作设施等，都会散发大量污染物。室内污染物主要有游离甲醛、苯、氨和 TVOC（有机挥发物）等。由于现代空调供暖建筑密闭性好，污染物排出困难、浓度不断升高，加之通风系统的二次污染、交叉扩散，人们长时间在这样的环境生活工作，就会产生严重的健康问题，一般可分为 2 大类：病态建筑综合症和建筑并发症。

1. 病态建筑综合症

"病态建筑综合症"（Sick Building Syndrome，SBS）是发生在建筑物中的一种对人体健康的急性影响，由建筑物的运行和维持期间与它的最初设计或规定的运行程序不协调所引起。不良的室内空气品质，再加上工作所带来的社会心理的压力，使得生活在中央空调房间的人容易感染"病态建筑综合症"。"病态建筑综合症"的有关症状如下：眼睛不适、鼻腔及咽喉干燥、全身无力、容易疲劳、经常发生精神性头疼、记忆力减退、胸部郁闷、间歇性皮肤发痒并出现疹子、头痛、嗜睡、难于集中精神和烦躁等现象。但当患者离开该建筑时，其症状便会有所缓和，有的甚至会完全消失。

导致"病态建筑综合症"的原因多种多样。其中，不良的室内空气品质是一个非常重要的因素。室内存在着各种各样的室内空气污染源：首先，最主要的是建筑材料，包括砖石、水泥等基本建材，以及各种填料、涂料、板材等装饰材料，它们能产生各种有害有机物、无机物，主要包括甲醛、苯系物及放射性氡；其次，室内设备、用品在使用过程中释放出来的有害气体，如复印机等带静电装置的设备产生的臭氧，燃料燃烧及烹调食物过程中产生的烟气，使用清洁剂、杀虫剂等所产生的有机化学污染物；再次，人体自身的新陈代谢及人类活动的挥发成分。例如：夏天易出汗，会把皮肤中的污物带入空气中；冬天空气干燥，人体会生成较多的皮屑和头屑；入夜安睡后卧室里充满了 CO_2 气体。上述污染物在室内空气中的含量通常是很低的，但如果逐渐积累形成一种积聚效应，就会诱发"病态建筑综合症"。

中央空调的使用，导致室内污染物循环积累，增加"病态建筑综合症"产生的概率。据统计，在有空调的密闭室内，5～6h 后，室内氧气下降 13.2％，大肠杆菌升高 1.2％，红色霉菌升高 1.11％，白喉杆菌升高 0.5％，其他呼吸道有害细菌均有不同程度的增加。

虽然"病态建筑综合症"不会危害生命或导致永久性伤残，这种病症对受影响的建筑居民，以及他们所工作的机构均有着重大的影响。"病态建筑综合症"往往会导致较低的工作效率和较高的缺勤率，并会导致员工的流失率增加。此外，公司需要增拨更多资金来解决有关的投诉及劳资关系。

2. 建筑并发症

"建筑并发症"（Building Related Illness，BRI）是指特异性因素已经得到鉴定、并具有一致临床表现的症状。这些特异的因素包括过敏源、感染源、特异的空气污染物和特定的环境条件（如空气温度和湿度）。常见的建筑并发症包括：肺炎、湿疹、哮喘、过敏性鼻炎和感冒、过敏性反应、军团病、石棉肺等。建筑并发症最著名的例子就是1976年美国退伍军人大会期间发生的军团病事件。经临床诊断，这些疾病的起因都与建筑内空气污染物有关，都可以准确地归咎于特定或确证的成因。

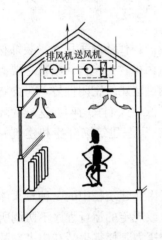

图 5-1　机械送排风

除民用建筑存在危及居住者健康的污染物外，还有一些特殊建筑（如工厂），因生产工艺等原因，伴随有大量粉尘、废气等有害物质产生，也会影响操作人员健康。

降低室内污染物浓度、改善室内空气品质、保护室内人员健康的有效方法之一是加强室内通风。通风的方式有自然通风和机械通风之分。自然通风不需要外界动力，不消耗人工能源，靠外界风压力或室内的热压力把室内污染物排出去；机械通风是靠风机提供动力使室外新鲜空气进入室内稀释降低污染物浓度。根据不同情况又可分为机械送风、机械排风、机械送排风（图5-1），如污染物产生较集中，则可采用局部通风。

5.1.2　建筑声环境与健康

建筑声环境对人体的影响主要体现在三个方面：短暂的噪声干扰，会对睡眠、交谈、通信、思考及判断造成不好影响，以及对心理造成影响；较长时间的噪声环境，可引起心血管系统和中枢神经系统的疾病，发生心律不齐、血压升高、消化不良等症状；极强的噪声，还会影响胎儿发育、妨碍儿童智力发展，甚至直接造成人和动物的死亡。图5-2为利用乔木降噪的原理图。

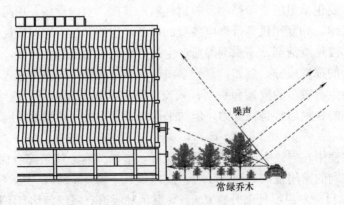

图 5-2　乔木降噪

5.1.3 建筑光环境与健康

建筑光环境包括四个要素：照度水平；亮度比；色温与显色性；眩光。从生理上说，长期生活在强光照耀环境中，光可以改变人体内生物钟，能使人头晕目眩、发生失眠、食欲下降、心悸、身体乏力等症状，严重者甚至发生癌变。从心理上说，光污染会使人心情郁闷、情绪烦躁、甚至诱发神经质和神经衰弱。

5.1.4 热湿环境与健康

这方面的健康问题，主要发生在特殊环境下生活和工作的人群。如游牧民族长期生活在帐篷中逐水草而居；建筑工人或野外工作者，长期生活在简易的工棚和临时营地；某些工厂的特殊环境，如冶炼车间等。

长期暴露在高温环境中，容易造成热伤风、虚脱、中暑；

长期暴露在高湿环境中，易患风湿关节炎；

长期暴露于低温环境中，易感冒、冻伤；

长期暴露于低湿环境中，容易造成皮肤开裂，呼吸道干燥等。

5.2 建筑的火灾

建筑物火灾是多发的，对人民的生命财产是一种严重的威胁。火灾不仅导致巨大的经济损失和大量的人员伤亡，甚至对政治、文化造成巨大影响，产生无法弥补的损失。

5.2.1 建筑火灾发生的原因

人居住在由大量可燃、易燃材料合围的建筑空间中，一些偶然因素会导致建筑环境产生突变，迅速危及居住者的安全，火灾就是最常见的。建筑物起火的原因归纳起来大致可分为六类。

1. 生活和生产用火不慎

我国城乡居民家庭火灾绝大多数为生活用火不慎引起。属于这类火灾的原因，大体有：吸烟不慎、炊事用火不慎、取暖用火不慎、灯火照明不慎、儿童玩火、燃放烟花爆竹不慎、宗教活动用火不慎等。

生产用火不慎有：用明火熔化沥青、石蜡或熬制动、植物油时，因超过其自燃点，着火成灾。在烘烤木板、烟叶等可燃物时，因升温过高，引起烘烤的可燃物起火成灾。对锅炉中排出的炽热炉渣处理不当，引燃周围的可燃物。

2. 违反生产安全制度

由于违反生产安全制度引起火灾的情况很多。如在易燃易爆的车间内动用明火，引起爆炸起火；将性质相抵触的物品混存在一起，引起燃烧爆炸；在用电、气焊焊接和切割时，没有采取相应的防火措施，从而酿成火灾，在机器运转过程中，不按时加油润滑，或没有清除附在机器轴承上面的杂物、废物，从而使机器这些部位摩擦发热，引起附着物燃烧起火；电熨斗放在台板上，没有切断电源就离去，导致电熨斗过热，将台板烤燃引起火灾；化工生产设备失修，发生可燃气体、易燃可燃液体跑、冒、滴、漏现象，遇到明火燃烧或爆炸。

3. 电气设备设计、安装、使用及维护不当

电气设备引起火灾的主要原因有，电气设备过负荷、电气线路接头接触不良、电气线

路短路；照明灯具设置使用不当，如将功率较大的灯泡安装在木板、纸等可燃物附近；将日光灯的镇流器安装在可燃基座上，以及用纸或布作灯罩紧贴在灯泡表面上等；在易燃易爆的车间内使用非防爆型的电动机、灯具、开关等。

4. 自然现象引起

（1）自燃。所谓自燃，是指在没有任何明火的情况下，物质受空气氧化或外界温度、湿度的影响，经过较长时间的发热和蓄热，逐渐达到自燃点而发生燃烧的现象。如大量堆积在库房里的油布、油纸，因为通风不好，内部发热，以致积热不散，发生自燃。

（2）雷击。雷电引起的火灾原因，大体上有三种：一是雷直接击在建筑物上发生的热效应、机械效应作用等；二是雷电产生的静电感应作用和电磁感应作用；三是高电位沿着电气线路或金属管道系统侵入建筑物内部。在雷击较多的地区，建筑物上如果没有设置可靠的防雷保护设施，便有可能发生雷击起火。

（3）静电。静电通常是由摩擦、撞击而产生的。因静电放电引起的火灾事故屡见不鲜。如易燃、可燃液体在塑料管中流动，由于摩擦产生静电，引起易燃、可燃液体燃烧爆炸；输送易燃液体流速过大，无导除静电设施或者导除静电设施不良，致使大量静电荷积聚，产生火花引起爆炸起火；在有大量爆炸性混合气体存在的地点，身上穿着的化纤织物的摩擦、塑料鞋底与地面的摩擦产生的静电，引起爆炸性混合气体爆炸等。

（4）地震。发生地震时，人们急于疏散，往往来不及切断电源、熄灭炉火以及处理好易燃、易爆生产装备和危险物品等，因而伴随着地震发生，会有各种火灾发生。

5. 纵火

纵火分刑事犯罪纵火及精神病人纵火。在目前"暴恐"形势日益严峻的情况下，纵火造成的危害更大，如公共汽车、地铁车站、热流密度高的公共建筑等，需要特别防范。

6. 建筑布局不合理，建筑材料选用不当

在建筑布局方面，防火间距不符合消防安全要求，没有考虑风向、地势等因素对火灾蔓延的影响，往往会造成发生火灾时"火烧连营"，形成大面积火灾。在建筑构造、装修方面，大量采用可燃构件和可燃、易燃装修材料都大大增加了建筑火灾发生的可能性。

5.2.2　火灾烟气的危害

统计数据表明，火灾死亡人数仅有少数是直接被大火烧死或跳楼死亡，其他大部分死亡与烟气有关。如一氧化碳中毒、烟气中毒、缺氧、窒息。火灾产生的烟气危害性巨大。

1. 对人体的危害

一氧化碳被人吸入后与血液中的血红蛋白结合，成为一氧化碳血红蛋白，从而阻碍血液对氧气的输送。当一氧化碳与血液中 50％以上的血红蛋白结合时，便能造成脑和中枢神经严重缺氧，继而失去知觉，甚至死亡。即使一氧化碳的吸入在致死量以下，也会因缺氧而发生头痛无力及呕吐等症状，最终仍可导致不能及时逃离火场而死亡。

木材制品燃烧产生的醛类、聚氯乙烯燃烧产生的氢氯化合物都是刺激性很强的气体，甚至是致命的。例如烟中含有 5.5ppm 的丙烯醛时，便会对上呼吸道产生刺激症状；在10ppm 以上时，就能引起肺部的变化，数分钟内即可死亡。烟中丙烯醛的允许浓度为0.1ppm，而木材燃烧的烟中丙烯醛的含量已达 50ppm 左右，加之烟气中还有甲醛、乙醛、氢氧化物、氢化氰等毒气，对人都是极为有害的。随着新型建筑材料及塑料的广泛使用，烟气的毒性也越来越大。

在着火区域的空气中充满了一氧化碳、二氧化碳及其他有毒气体，加之燃烧需要大量的氧气，这就造成空气的含氧量大大降低，发生爆炸时含氧量甚至可以降到5%以下，此时人体会受到强烈的影响而死亡，其危险性也不亚于一氧化碳。高层建筑中大多数房间的气密性较好，有时少量可燃物的燃烧也会造成含氧量降低较多，使缺氧现象更加严重。

火灾时人员可能因头部烧伤或吸入高温烟气而使口腔及喉头肿胀，以致引起呼吸道阻塞窒息。此时，如不能得到及时抢救，就有被烧死或被烟气毒死的可能性。

在烟气对人体的危害中，以一氧化碳的增加和氧气的减少影响最大。但在实际中，这些因素往往是相互混合地共同作用于人体的，这比各有害气体的单独作用更具危险性。

2. 对疏散的危害

在着火区域的房间及疏散通道内，充满了含有大量一氧化碳及各种燃烧成分的热烟，甚至远离火区的部位及其上部也可能烟雾弥漫，这对人员的疏散带来了极大的困难。烟气中的某些成分会对眼睛和鼻、喉产生强烈刺激，使人们视力下降且呼吸困难。浓烟能造成心理恐怖，使人们失去行动能力甚至产生异常行为。

除此之外，由于烟气集中在疏散通道的上部空间，通常使人们掩面弯腰地摸索行走，速度既慢又不易找到安全出口，甚至还可能走回头路。火场的经验表明，人们在烟中停留一两分钟就可能昏倒，四五分钟即有死亡的危险。

由上述可见，烟气对安全疏散具有非常不利的影响，这也说明在疏散通道进行防排烟设计具有极为重要的意义。

3. 对扑救的危害

消防队员在进行灭火与救援时，同样要受到烟气的威胁。烟不仅有引起消防队员中毒、窒息的可能性，还会严重妨碍他们的行动：弥漫的烟雾影响视线，使消防队员很难找到起火点，也不易辨别火势发展的方向，灭火战斗难以有效地开展。同时，烟气中某些燃烧产物还有造成新的火源和促使火热发展的危险；带有高温的烟气会因气体的热对流和热辐射而引燃其他可燃物。上述情况导致火场的扩大，给扑救工作加大了难度。

5.2.3 火灾案例

1. 新央视大楼火灾

2009年2月9日晚20时27分，北京市朝阳区东三环中央电视台新址园区在建的附属文化中心大楼工地发生火灾，熊熊大火在三个半小时之后才得到有效控制，在救援过程中造成1名消防队员牺牲，6名消防队员和2名施工人员受伤。建筑物过火、过烟面积21333m²，其中过火面积8490m²，楼内十几层的中庭已经坍塌，位于楼内南侧演播大厅的数字机房被烧毁。造成直接经济损失16383万元。

这起火灾系超高层建筑外墙装饰材料立体燃烧、逆向蔓延迅速的特殊火灾，在国内外此案例尚属罕见，其特点一是建筑物结构特殊。该建筑是一栋规模庞大的超高层、外形为"靴"状的异形建筑，设有中庭，每层都是马蹄形走廊；建筑内部通道曲折，竖向管井多，布局复杂，房间及楼道堆放有家具等可燃物。二是建筑外墙装饰材料特殊。该楼南北侧为玻璃幕墙、东西立面为钛锌板装饰材料。钛锌板是种新型进口装饰材料，熔点仅为

418℃；钛锌板下层为聚氨酯泡沫、挤塑板等可燃保温材料。大火使钛锌板受热融化流淌，保温材料受热大面积燃烧，产生大量有毒烟气。三是火灾蔓延方式特殊。此起火灾起火部位位于大楼顶部西侧中间位置，火势自上而下、由外而内迅速逆向蔓延，燃烧速度之快、蔓延方式之特殊，在国内尚不多见。四是报警时间晚。20时开始燃放礼花弹，大约10分钟后楼顶端就开始冒烟，但到了20时27分，119才接到报警，消防队到场时，已形成猛烈燃烧，在一定程度上错过了控制火势的最佳时机。

图 5-3　央视大楼火灾

2. 吉林省吉林市中百商厦火灾

2004年2月15日11时许，吉林省吉林市中百商厦发生特大火灾，大火于15：30被扑灭。中百商厦1995年投入使用，建筑面积4328m²，耐火等级为二级。商厦一层（含回廊）经营五金、百货；二层经营服装、布匹；三层为浴池；四层为舞厅和台球厅，共146家个体商户承租经营。火灾造成54人死亡，70人受伤，过火建筑面积2040m²，直接经济损失426万元。

经国务院调查组技术环节组勘察确定，火灾系中百商厦伟业电器行雇工于某，于当日9时许向3号仓库送包装纸板时，将嘴上叼着的香烟掉落在仓库中，引燃地面上的纸屑、纸板等可燃物引发的。2月15日11时许，中百商厦浴池锅炉工李某发现毗邻中百商厦北墙搭建的3号仓库冒烟，找来伟业电器行雇工于某打开仓库，发现库内着火，即进行扑灭，但未能控制火势，半小时后，才向消防队报警。从本案例中，得到以下教训：

（1）没有认真落实自身消防安全责任制，消防安全法律责任主体意识不强，没有依法履行消防安全管理职责。火灾发生后，没有及时报警和组织人员疏散。

（2）没有及时消除当地公安消防部门查出的违章搭建仓库等火灾隐患，没有按要求拆除违章建筑。

（3）没有认真组织从业人员的消防培训和安全宣传教育，员工消防法制观念淡薄，消防安全意识较低，缺乏防火、灭火常识和自防自救基本技能，致使符合标准规范的消防设施未能充分发挥作用。

（4）虽有灭火和应急疏散预案，但没按《消防法》规定组织开展灭火和应急疏散演练。

图 5-4　中百商厦火灾现场

5.3　建筑防排烟

本专业如何保证建筑环境安全、减少火灾造成的人员伤亡呢？建筑物一旦发生火灾，就有大量的烟气产生，这是造成人员伤亡的主要原因。避免烟气蔓延，这就需要一个防排烟系统来控制火灾发生时烟气的流动，及时将其排出，在建筑物内创造无烟（或烟气含量极低）的疏散通道或安全区，以确保人员安全疏散，并为救火人员创造条件。建筑物内设置防排烟系统不是为了稀释烟气的浓度，而是要使火灾区的烟气向室外流动，使烟气不侵入疏散道或使通道中的烟气流向室外，即人为地控制烟气流动。只有掌握了烟气特性、扩散、流动的规律，才可能设置合理的防排烟系统，使烟气按设计路线流向室外。

5.3.1　火灾烟气的流动规律

当建筑发生火灾时，烟气在其内的流动扩散一般有三条路线：第一条，也是最主要的一条是着火房间→走廊→楼梯间→上部各楼层→室外；第二条是着火房间→室外；第三条是着火房间→相邻上层房间→室外。引起烟气流动的因素很多，如烟囱效应、浮力作用、热膨胀、风力作用、通风空调系统等。

5.3.2　民用建筑防排烟

防排烟是民用建筑消防系统的一个重要组成部分。尤其是高层建筑数量越来越多，建造的高度也越来越高，逃生路径越来越长，逃生难度越来越大，因此对消防系统的设计也提出了更新、更高的要求。

1. 总体规定与要求

高层建筑内部功能复杂，如有办公室、客房、会议室、餐厅、商场、厨房、舞厅、锅炉房、机房、变配电房、各种库房等。这些部位均有大量着火源和可燃物，若使用或管理不当容易引发火灾。室内一旦发生火灾，可燃物着火最初限于着火物周围的环境，然后蔓延到室内家具、内装修至整个房间，此时温度急剧上升，燃烧产生的烟气会从开口部位很快喷射出来，烟气可通过房间进入走廊，火势有向建筑物内部扩展的危险。

为了保证火灾初期建筑物内人员的疏散和消防队员的扑救，在高层民用建筑设计中，不仅需要设计完整的消防系统，而且必须慎重研究和处理防、排烟问题。

根据《高层民用建筑设计防火规范》的规定，按建筑物使用性质、火灾危险性、疏散和扑救难度等对建筑进行分类。

凡建筑高度大于24m设有防烟楼梯及消防电梯的建筑物均应设防排烟设施。高层民用建筑的防排烟设计应与建筑设计、防火设计和通风及空气调节设计同时进行，建筑与暖通专业设计人员应密切配合，根据建筑物用途、平立面组成、单元组合、可燃物数量以及室外气象条件的影响等因素综合考虑，确定经济、合理的防排烟设计方案。

2. 设置防烟、排烟的部位

防烟楼梯间及其前室、消防电梯前室和合用前室和封闭的避难层。一类建筑和建筑高度超过32m的二类建筑的下列走道或房间：

(1) 长度超过20m的内走道；

(2) 面积超过100m²，且经常有人停留或可燃物较多的房间；

(3) 高层建筑的中庭和经常有人停留或可燃物较多的地下室。

防烟楼梯间和消防电梯设置前室的目的是阻挡烟气进入防烟楼梯和消防电梯，可作为人员临时避难场所，降低建筑物本身由于热压差而产生的烟囱效应，以减慢烟气蔓延的速度。

在进行防排烟设计时，首先要确定建筑物的防烟分区和防火分区，然后再确定合理的防排烟方式、送风竖井或排烟竖井的位置及送风口和排烟口的位置。

3. 防排烟方式

排烟与通风中的排风做法和原理都是类似的，根据利用的动力，可以分自然排烟和机械排烟。在任何一个建筑物中，采用自然排烟还是采用机械排烟应视建筑设计的具体情况确定。进一步的知识将在暖通空调等课程中详细介绍。

5.4 特殊建筑的火灾控制与安全

除了民用建筑，还有一类特殊建筑对国民经济建设非常重要，如城市地下空间、地铁车站、特长特大交通隧道，其火灾控制与安全问题更加突出，也与本专业密切相关。

5.4.1 城市地下空间

城市地下空间的综合开发利用是解决城市人口、环境、资源三大难题的重大举措。地下空间的大面积开发利用，最引起人们关注的当属消防安全问题，由于地下空间的特殊性，其潜在的危险因素远远多于地面建筑，尤其是地下公众聚集场所，一旦发生火灾，由于避难和扑救的难度远大于地面，造成的损失也将大大高于地面。因此，深入分析地下空间火灾的特性、成因，研究防火对策，是目前加强地下空间消防工作的一个重大课题。

1. 地下空间火灾的特点和危害

(1) 地下空间的狭小与封闭性加大了火灾时的发烟量，加快了烟气充满地下空间的速度。

(2) 地下空间火灾发生时烟气扩散对人员疏散构成了极大的威胁。

(3) 地下空间火灾发生时情报传递比较困难。

(4) 地下空间着火后扑救非常困难。

2．地下空间火灾的防火对策

（1）加强地下空间规划的编制；强化对地下空间建设的指导，完善地下空间的防灾设计，使地下空间的建设得以有序发展，形成科学合理的地下空间网络体系。

（2）强化适应大规模地下空间的疏散通道与灭火救援通道的设置。

（3）严格控制地下空间的分区设置。

（4）严禁使用可燃装修材料。

（5）强化火灾探测与灭火系统的设计。

随着地下空间的大面积开发，消防安全越来越受到人们的关注，保证地下空间的安全是开发利用地下空间的先决条件。在加强地下空间规划编制和防火设计工作的同时，应该加大对已建或在建的地下空间项目的消防安全管理工作，应以预防为主，做好平时的防火安全管理。

5.4.2　隧道

随着我国大型隧道的建设越来越频繁以及隧道建设水平的不断提高，人们必将越来越重视隧道特别是大型公路隧道内的运营安全问题。隧道的种类繁多，如公路隧道、铁路隧道，穿山隧道、海底隧道等，结构复杂、环境密闭，加上人员密集，一旦发生火灾，扑救相当困难，往往会造成重大的人员伤亡和财产损失。长大公路隧道内灾害发生后，特别是火灾发生之后人员的疏散以及灭火救援工作必须引起高度重视。

1．隧道火灾的主要原因

（1）车辆电气线路短路、汽化器失灵、载重汽车气动系统故障等引发火灾。

（2）隧道内道路狭小，能见度较差、情况又较复杂，容易发生车辆相撞事故，也可引发隧道火灾。

（3）隧道内通行的车辆所载货物可能有易燃易爆物品，遇明火（或热源）发生燃烧或自燃。

（4）铁路轨道发生故障，列车颠覆（特别是油罐车）引起火灾。

2．主要防火措施

（1）采用耐火材料。

（2）较长的隧道划分防火分区。

（3）隧道内设置自动的水喷淋灭火系统和火灾自动报警系统，以及配备各类便携式灭火器。

（4）设置疏散避难设施，如避难通道、隧道两侧的诱导路、定点急救避难场所等。

（5）加强隧道消防管理和交通管理以及经常检查隧道的防火安全工作。

5.4.3　地铁

地铁是指在地下运行为主的城市轨道交通系统，具有快捷舒适、占用土地资源少、客运量大、能耗量小、污染度低等优点，地铁作为都市化、现代化的象征，深刻改变城市居民生活方式，这一新兴交通方式在我国大中城市的建设过程中受到越来越多的重视，并得到更加广泛的应用。但由于地铁人流量非常大，地下空间高度密闭，火灾安全隐患及防排烟问题更应受到重视。

1．地铁火灾的主要原因

（1）地铁车站在装修、设备、办公等方面存在一定数量的可燃物，操作不慎引发火灾。

（2）施工中进行焊接、切割作业以及工作人员吸烟、列车运行时产生的电弧等原因。

（3）乘客违反规定，以及车上电器设备故障等原因。

（4）变配电站设备故障导致火灾。

（5）人为纵火和恐怖袭击。

2. 主要防火措施

（1）车站的布局应合理，采取防火墙、水幕等措施。严格限制车站内各类易燃物品。

（2）加强隧道维修施工管理。

（3）地铁客车采用不燃材质制造。

（4）地铁变电站、高压电缆应在地面建筑敷设。

（5）设计时考虑火灾排烟要求。

（6）自动监控系统；灭火淋喷系统。

5.4.4 人员逃生救援的典型案例

上海长江隧道是连接上海市区和崇明岛的高速公路通道，是我国沿海大通道的重要组成部分，其盾构直径和一次连续掘进距离均为世界之最，一旦发生火灾，将会对隧道内人员的生命安全造成极大的威胁。

长大隧道防灾的关键是：隧道火灾救援的组织规划；火灾工况下的水消防、通风排烟等设备联动；火灾工况下的人员、车辆疏散组织等。在上海长江隧道设计中，根据功能的特点，制定出了切实可行的救援组织实施流程、安全可靠的消防系统、合理的通风排烟模式，以及快速逃离火灾现场的疏散方式。

隧道发生火灾时，隧道内的温度是一个急剧增加的过程，一般在火灾后 10min 内，温度就能达到最大值。这就要求隧道内的报警、消防设施有很快的响应速度。报警设备要在很短的时间内探测到火灾，并发出警报信号；消防设备则需要在火势未充分发展时对其予以扑灭。同时，车辆和人员要充分利用这段宝贵的时间疏散和避难。

疏散逃生步骤：

双洞单向的上海长江隧道为两个平行隧道，在隧道之间每 830m 设置一个横通道，在每两个横通道之间设置三个逃生楼梯连接至下层的纵向疏散通道。隧道内发生火灾后，乘行人员利用横通道和逃生楼梯进行疏散逃生时，具体的步骤如下：

（1）火灾发生后，经过报警和通信将火灾信息传输到隧道进口，禁止车辆再进入隧道。

（2）火灾前方的车辆不停，迅速驶离隧道；火灾后面的车辆停止，人员下车向后方撤离，通过横通道和逃生楼梯疏散（图 5-5）。阻塞工况时，阻塞发生点至火源间的车辆内的人员下车从最近的下游逃生口疏散（图 5-6）。

（3）消防人员从火灾上游到达

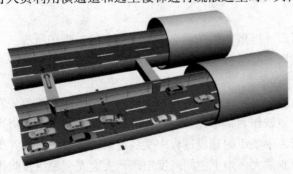

图 5-5　畅通时发生火灾的疏散方案

注：封闭两根隧道的进口及相邻隧道的内侧车道，虚线前方车辆继续驶离隧道，虚线后方车辆停车，乘行人员迅速下车，通过最近的连接通道撤离到对面内侧车道等待救援

着火点进行消防灭火及救援工作。

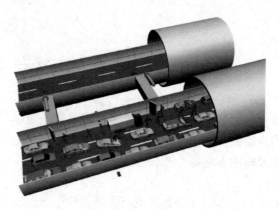

图 5-6　拥堵时发生火灾的疏散方案

注：封闭两根隧道的进口及相邻隧道的内侧车道，事故隧道内所有车辆停驶，

乘行人员迅速下车，通过最近的连接通道撤离到对面内侧车道等待救援

思　考　题

1. 为什么建筑环境的好坏对室内人员健康影响很大？

2. 建筑火灾发生的原因有哪些？会产生哪些危害？

3. 火灾中建筑中烟气流动规律是什么？

4. 高层民用建筑防排烟的主要目的是什么？核心的措施是什么？

5. 为什么地下空间建筑的防排烟非常重要？

6. 请简述本专业在确保建筑环境的健康、安全方面有哪些作用？

7. 请通过文献或网络收集 15～20 个相关建筑环境健康与安全的案例。

第6章 建筑能源的生产、交换与输配

在了解建筑环境特性及调控方法的基础上，基于能量守恒定律和热力学第二定律，本章将进一步介绍建筑用户的能源需求及种类，建筑热能、冷能的生产原理，建筑热能的采集原理，热质交换原理及输配方法等专业核心入门知识。

6.1 建筑能源的需求

以人为本是建筑设计建造的基本要求。

建筑对能源的需求，从根本上取决于人对建筑环境、使用功能、居住行为等的要求，设计师根据当地能源、资源现状，合理规划设计各种能源供应系统，为居住者提供安全、健康、舒适、方便的服务，代价是能源的消耗。不同的建筑对能源的需求是不同的，且随着社会经济发展、人们生活水平的提高而不断变化。

6.1.1 建筑能源需求的种类

按照利用能源满足使用者的需求类别分，建筑中的能源需求可以分为舒适类、健康安全类和生活便利类。

1. 舒适类

热环境控制，主要是夏季室内温度太高，超出了人体热舒适范围，则需要制冷降温；冬天室内温度太低感觉寒冷，这时就需要供暖升温。

湿环境控制，当室内空气含湿量过高，人体感觉不舒服或不能满足生产工艺的要求，这时需要对室内空气进行除湿处理，或室内空气过于干燥而对其加湿处理，有的建筑甚至要求室内空气湿度保持恒定，从而需要消耗大量能源。

声环境控制，对于声环境要求较高的建筑，声源设备需要消耗一定的能源；或对噪声源进行消声之类的技术措施，而使系统阻力加大、额外增加能源消耗。

光环境控制，为了维持较为舒适、健康和高效的室内光环境，或营造某种特殊的商业气氛、夜景灯饰，采取人工光源而需要消耗大量能源。

2. 健康安全类

空气品质保证：为了减小室内污染物浓度，提高卫生水平，需要通过送入室外新风稀释污染物，或通过过滤对室内外空气净化，都会消耗大量的能源。

卫生热水供应：为了保证居住者卫生条件和提高生活质量，有必要长期提供卫生热水而需要消耗能源。

3. 生活便利类

室内各种家庭及办公设备，如电视、洗衣机、电冰箱、电脑、复印机、打印机、开水器；各种炊事设施，如燃气炉、电磁炉、微波炉、洗碗机、油烟机；建筑中各种垂直水平电梯等交通设施均需要消耗能源。

6.1.2 建筑温控能耗的需求

建筑温控能耗的需求占建筑总能耗的 50%以上，是建筑能耗最重要、也是最复杂的部分，因此作重点介绍。

要使建筑的环境达到人们期望的状态，建筑的合理设计是十分重要的。建筑环境被动式营造设计方法，可以使其在不需要或很少消耗人工能源的情况下，在全年（或建筑寿命期内）的绝大部分时间达到人们所期望的环境状态；但是，由于外部环境和使用状态的影响，也可能在部分时间需要通过人工控制的方法，才能使室内环境达到理想的状态，从而消耗能源，这是建筑环控能耗最基本的根源所在。

建筑内的环境要素主要有：室内空气温度、相对湿度、光照度、声环境及室内空气品质等。在众多室内环境要素中，室内空气温度是最重要的环境要素，而且其他环控过程会直接或间接影响室内温度。因为空气温度对人的舒适感影响最为显著。室内空气温度的高低取决于外扰、内扰及围护结构的热工特性的综合作用，同时，也取决于人工环控能源消耗量的大小。空气相对湿度对人的舒适感也有重要的影响，其变化受室内湿源、室外条件、结构传湿特性的影响，湿度的变化会造成室内温度的波动。光环境可由自然采光或人工照明设备提供，人工光源的使用是室内空气温湿度环境变化的原因之一。室内空气品质的保证除了结构合理设计外，通常还需辅以充足适量的通风换气来稀释室内的污染物浓度，而通风换气量既要消耗人工能源，也会使室内温湿度环境发生改变。声环境的控制往往通过加强结构的密闭性及隔声吸声材料来实现，声环境的优劣会间接体现在围护结构的特性上。

为了实现建筑物的预期热湿环境，在某一时刻向房间供应的冷量称为冷负荷；相反，为了补偿房间失热需向房间供应的热量称为热负荷；为了维持房间相对湿度恒定需从房间除去（加入）的湿量称为湿负荷。

建筑物的冷热负荷的形成是一个复杂的、多因素影响的过程，既受到室内外环境的影响（通常称为内扰和外扰），又受到建筑物围护结构蓄热特性的影响。它实际上就是建筑空调、供暖能耗的原始需求，但通过什么样的冷热源设备和系统消耗能源最少、又生态环保地去满足需要？这涉及许多方面的系统知识，在今后的学习过程中将有专门的课程讲述。下面仅简单介绍可满足上述需求的建筑冷热源的种类。

6.1.3 建筑冷源与热源的种类

1. 建筑冷源的种类

建筑空调用冷源有两大类——天然冷源和人工冷源。天然冷源有天然冰、深井水、深湖水、水库的底层水、温度较低的空气等。使用天然冷源更节能环保，一年中有很多时候客观上是有条件的。对于没有条件的时刻或技术经济条件限制的建筑，使用人工冷源不可避免。人工冷源按消耗的能量分为以下两类：

（1）消耗机械功实现制冷的冷源

蒸气压缩式制冷机（蒸气压缩式制冷装置）是消耗机械功实现制冷的建筑冷源。机械功可以由电动机提供，实质是消耗电能，也可称为电动制冷机；按冷却介质来分类，在空调中应用的制冷机有两类：①水冷式制冷机——利用水（称为冷却水）带走热量；②风冷式制冷机——利用室外空气带走热量。

（2）消耗热能实现制冷的冷源

吸收式制冷机是消耗热能实现制冷的冷源，在空调中吸收式制冷机常用溴化锂水溶液作工质，因此称为溴化锂吸收式制冷机。按携带热能的介质不同可分为：利用一定压力的蒸气驱动制冷机；利用一定温度的热水驱动制冷机；直接利用燃油或燃气的燃烧获得的烟气驱动制冷机；利用工业中 $300\sim500℃$ 的废气、烟气驱动制冷机。

2. 建筑热源的种类

在建筑中大量应用的热源都需要用其他能源直接生产或采集。按获取热能的原理不同，可分为以下几类：

(1) 通过燃料燃烧将化学能转换为热能的热源

以燃气（天然气、人工气、液化石油气等）为燃料的热源，类型有燃气锅炉、燃气暖风机、燃气热水器；以燃油（轻油或重油）为燃料的热源，类型有燃油锅炉、燃油暖风机等；以煤为燃料的热源，类型有燃煤锅炉、燃煤热风炉，通常用作生产工艺过程的热源，如用于粮食烘干。

(2) 采集太阳能

利用太阳能生产热能的热源，以作为建筑供暖、热水供应和用热制冷设备的热源。

(3) 采集余热

余热热源（又称废热）是指冶炼、焦炭等固体余热，废蒸汽和各种流体余热，它们大多不能直接应用于建筑，需要采用余热锅炉等换热设备进行热量回收再利用。

(4) 电热转换

由电能直接转换为热能的热源，或称电热设备。目前应用的有以下几种：电热水锅炉和电蒸汽锅炉、电热水器、电热风机、电暖气等。电能是高品位能量，一般不宜直接转换为热能来应用，它的应用条件今后详细叙述。

3. 建筑冷热源一体化

(1) 利用低位能量的热源——热泵

热泵是从低位热源处提取热量并提高温度后进行供热的装置；若向低位热源排放热量，则可制冷，一机二用。根据热泵驱动的能量不同，可分为蒸气压缩式热泵和吸收式热泵。

(2) 直燃型冷热机组

以燃气或石油为燃料，生产空调冷冻水、供暖热水及生活热水的机组，也称"冷热水机组"。

4. 按冷热量供应的集中程度分类

冷源和热源按向建筑的暖通空调提供冷量和热量的集中程度来分类，有集中式冷源、热源和分散式冷源、热源。

(1) 集中式冷源、热源

集中式冷源、热源是指冷源或热源集中制备冷量或热量并通过冷媒或热媒提供给建筑的暖通空调或其他用户。集中式冷热源可为多个房间、一幢建筑以及多幢建筑的暖通空调系统服务。例如水冷式冷水机组、溴化锂吸收式制冷机等都是集中式冷源，它们制备冷冻水供空调系统应用；直燃式溴化锂吸收式冷热水机组、风冷热泵冷热水机组等是冷热源一体设备，制备冷冻水和热水供空调系统应用；又如燃气热水锅炉、燃煤蒸汽锅炉等是集中式热源，制备热水或蒸汽供建筑暖通空调或其他热用户应用。

规模更大的集中热源可以为一个城镇或较大区域供应热量，称集中供热或区域供热。热电站还可以实现热、电、冷三联供。当前大型区域供冷站也有发展，但其规模相对较小。

（2）分散式冷源、热源

分散式冷源、热源是指设备制取的冷量或热量直接提供房间应用，实质上是冷热源与暖通空调设备组成一体的设备，或是说带有冷热源的暖通空调设备。在空调中应用的称为空调机（器）或热泵式空调机（器），在供暖或通风中应用的称为暖风机（器），如上面介绍的燃油暖风机、燃气暖风机、电热风机等。

6.2 建筑热能的生产原理

建筑热能的生产是指利用化石能源（煤、石油、天然气等）和专用设备规模化生产建筑所需的各种形式的热能。

6.2.1 能源转化原理

热能生产的能源转化原理是，化石燃料的化学能通过燃烧转化成烟气的热能。

$$C+O_2 \longrightarrow CO_2+Q$$

该式中，C代表化石燃料的可燃成分，O_2代表空气中的氧气，CO_2是燃料燃烧产物，Q代表燃烧所放出的热量。

首先，该式蕴含了质量守恒定律的意义。燃料的可燃成分与消耗的氧气和最终生成的二氧化碳的质量必须是相等的；可燃成分的消耗就意味着宝贵的化石能源消耗，生成的二氧化碳是温室气体，对环境有负面影响。该方程式揭示了建筑能源消耗与社会资源消耗和污染物排放的必然性。

其次，该式也蕴含了能量转化与守恒定律的意义。通过燃烧把化石燃料的化学能转化成烟气的内能，虽然能量形式变化了，但其数量必然相等。

其三，该式也留给读者一些思考。燃料中只有可燃成分C吗？不，它还可能含有杂质，如灰分、硫等。杂质包裹下的C若不能完全燃烧，岂不是白白浪费了宝贵资源吗？！其中不燃的灰分，粗的可能成为灰渣，多了岂不堆积如山、占用土地资源吗？细的随烟气排到空气中，不就是粉尘污染和PM2.5吗？燃料中的硫燃烧后会怎么样？它会与氧气生成二氧化硫并随烟气排入大气中。二氧化硫与空气中的水蒸气相遇变成硫酸蒸气，是形成酸雨、酸雾的罪魁祸首。不仅污染江河湖泊、破坏生态环境，更对人体健康产生极大影响。

另一方面，燃料燃烧需要大量的氧气，怎么获得？是制造纯氧吗？不，太不经济！空气中有21％都是氧，而且是免费的。但从化学反应的原理可知，燃烧效率肯定没有纯氧高，怎么办？多供一些不就得了吗？但是空气不可能自动流进去参与燃烧，需要消耗能源输送进去；多供给空气，附带地把5倍的氮气也送进去了，既多消耗了输送能耗，同时因为大大降低了燃烧温度，也会降低燃烧效率；此外，无用的氮气使烟气的容积增大，又要增加排烟能耗。

可见，能源转化里面包含很大的学问，既涉及怎么高效利用宝贵的化石燃料，又关系到减少污染物排放和节能减排。下面简单介绍典型建筑热能生产设备（锅炉）是如何巧妙地解决上述问题的。

6.2.2 锅炉工作过程及原理

锅炉，最根本的组成是汽锅和炉室两部分。燃料在炉膛里进行燃烧，将其化学能转化

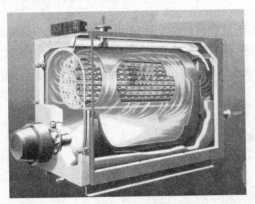

图 6-1　锅炉的基本构造图

为热能；高温的燃烧产物——烟气则通过汽锅受热面将热量传递给汽锅内温度较低的水，水被加热为高温水（所谓热水锅炉），或者进一步加热，沸腾汽化生成蒸汽（所谓蒸汽锅炉）。现在以强制循环内燃式室燃炉（图 6-1）为例，简要介绍锅炉的基本构造和工作过程。

蒸汽锅炉由汽锅和炉子两部分组成。汽锅的基本构造包括锅壳（或称锅筒）、管束受热面等组成的水系统。炉子包括燃烧器、燃烧室等组成的燃烧设备。

此外，为了保证锅炉的正常工作和安全，锅炉还必须装设安全阀、压力表、温度计、报警器、排污阀、止回阀等安全附件，以及用来消除受热面上积灰以利传热的吹灰器，提高锅炉运行经济性的辅助受热装置等。

锅炉的工作包括 3 个同时进行着的过程：燃料的燃烧过程、烟气向水的传热过程和水的受热升温（汽化）过程。

1. 燃料的燃烧过程

如图 6-1 所示，锅炉的炉膛设置在锅壳的前下方，此种炉膛是供热锅炉中应用较为普遍的一种燃烧设备。燃料（燃气或柴油）经过燃烧器与风机送入的空气混合进入燃烧室，进行燃烧反应形成高温烟气，整个过程称为燃烧过程。其进行得完善与否，是锅炉正常工作的根本条件。要保证良好的燃烧必须要有高温的环境、充足的空气量和空气与燃料的良好混合。为了锅炉燃烧的持续进行，还得连续不断地供应燃料、空气和排出烟气。

2. 烟气向水（汽）的传热过程

由于燃料的燃烧放热，炉内温度很高。在燃烧室四周是锅壳，高温烟气与锅壳壁进行强烈的辐射换热，将热量传递给锅壳内的工质水。继而烟气受送风机的风压、烟囱的引力而向烟管束内流动。烟气掠过管束受热面，与管壁发生对流换热，从而将烟气的热量传递给水。

3. 水的受热升温（或汽化）过程

这也是热水或者蒸汽的生产过程。热水锅炉主要包括水循环过程，而蒸汽锅炉则包括水循环和汽水分离过程。图 6-1 为直流锅炉。经过水处理的锅炉补给水和管网回水是由水泵加压后进入锅筒内，由于生产的是 90℃ 的热水，锅壳中的水始终处于过冷状态，因此不可能产生汽化。

6.2.3 锅炉的热效率与热平衡

锅炉生产蒸汽或热水的热量主要来源于燃料燃烧生成的热量。但是进入炉内的燃料由于种种原因不可能完全燃烧放热，而燃烧放出的热量也不会全部有效地利用于生产蒸汽或热水，其中必有一部分热量被损失掉。锅炉的热效率是指每小时送进锅炉的燃料（全部完

全燃烧时）所能发出的热量中有一部分被用来产生蒸汽或加热水，以符号 η_{gl} 表示。它是一个能真实说明锅炉运行的热经济性的指标。目前我国生产的燃油、燃气的锅炉，热效率为 $\eta_{gl}\approx85\%\sim92\%$，燃煤供热锅炉，效率为 $\eta_{gl}\approx60\%\sim85\%$。那么其余的能量跑到哪里去了？

为此就需要利用能量守恒原理，建立锅炉热量的收、支平衡关系。

锅炉热平衡是以 $1Nm^3$ 气体燃料（液、固燃料以 $1kg$）为单位组成热量平衡的。

锅炉热平衡的公式可写为：

$$Q_r=Q_1+Q_2+Q_3+Q_4+Q_5+Q_6(kJ/Nm^3) \tag{6-1}$$

式中　Q_r——$1Nm^3$ 燃料带入锅炉的热量，kJ/Nm^3；

$\qquad Q_1$——锅炉有效利用热量，kJ/Nm^3；

$\qquad Q_2$——排烟热损失，kJ/Nm^3；

$\qquad Q_3$——化学不完全燃烧热损失（或气体不完全燃烧热损失），kJ/Nm^3；

$\qquad Q_4$——机械不完全燃烧热损失（或固体不完全燃烧热损失），kJ/Nm^3；

$\qquad Q_5$——散热损失，kJ/Nm^3；

$\qquad Q_6$——灰渣物理热损失及其他热损失，kJ/Nm^3。

锅炉热平衡是研究燃料的热量在锅炉中利用的情况：有多少被有效利用；有多少变成了热量损失；这些损失又表现在哪些方面以及它们产生的原因。研究的目的是为了有效提高锅炉的热效率。可见，在解决这类重要问题时，专业的基本定律发挥了重要作用。

6.3 制冷的原理

6.3.1 制冷的理论构想

当建筑室内温度和湿度较高、不能满足舒适度要求时，就需对室内空气状态进行降温除湿调节，当建筑房间较多、要求各异时，通常的手段是通过专用设备集中生产冷冻水，提供冷源，然后再根据需要逐一解决。

如何生产比环境温度低的冷冻水呢？这还得从热力学第二定律寻找解决办法。

该定律告诉我们，热量总是自发地从高温物体传向低温物体，不可能把热量从低温物体传递到高温物体而不产生其他影响。也就是说，要从水中源源不断地取走热量排到高温环境中，才能使其温度降低，生产出冷冻水来，而这个过程不付出代价是不行的，需要消耗功，如图 6-2 所示，T_2 代表低温热源（冷冻水），T_1 代表高温热源（外部环境），W 代表以某种方式输入的功。即是说，按照这个思路去制造一个制冷机，理论上绝对正确，是完全符合热力学第二定律的。

如何去实现这一理论构想呢？实际上，先驱学者及发明家们经过漫长的探索、无数次的失败，最后终于找到了解决办法，下面简单介绍经典的制冷原理。

6.3.2 制冷的原理

要实现从低温环境向高温环境逆向传热过程，巧妙

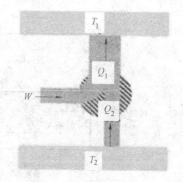

图 6-2　热力学第二定律
对制冷的启发

之处是寻找到了某种工质（制冷剂）来作为传热过程的载体，通过工质的状态变化（蒸发、凝结）吸收或释放热量，再设计一个机械能补偿过程，使整个孤立系统的熵增等于或大于零，从而发明了蒸气压缩式制冷装置，如图 6-3 所示。由图 6-3（a）可见，湿度较大的工质蒸气从状态点 4 逆时针通过低温冷源（蒸发器）吸收热量后温度 T_0 保持不变但湿度大大降低（状态点 1）；经过压缩机输入机械功绝热压缩后，工质温度上升到 T_k 且变成干饱和蒸气（状态点 2）；然后进入高温热源（冷凝器）释放热量使得蒸气全部凝结成饱和液体但温度恒定于 T_k（状态点 3）；饱和液体工质最后经过膨胀机绝热膨胀变成湿蒸气，温度下降至 T_0（状态点 4），从而实现一个制冷循环。这样的制冷循环是在压缩机对制冷剂压缩做功的条件下实现的，完全遵循了热力学第二定律，更为巧妙的是很好地利用热质交换的原理把制冷剂循环和传热回路切割开来，大大地方便了把理论设想变成了易于实现的装置。如图 6-3 所示，低温热源（蒸发器）、高温热源（冷凝器）分别以换热器取而代之，在低温热源中，低含湿度的制冷剂工质通过蒸发吸收冷冻水的热量，迫使其温度下降，达到生产冷源的目的（图中的被冷却介质就是我们需要的产品——冷冻水）；而在高温热源中，通过外部设计的冷却介质吸收制冷工质的热量，使其从干饱和蒸汽冷却到饱和液体状态，以确保生产过程得以循环往复地进行，源源不断地生产冷冻水。

从以上分析不难发现，制冷循环（专业上称为逆卡诺循环）由两个可逆等温过程和两个可逆绝热过程组成，循环沿逆时针方向进行，若将该循环过程用制冷剂的 $T\text{-}s$ 图表示，则如图 6-3（b）所示。4—1 表示制冷剂在蒸发器中的恒温吸热过程（恒温冷源），1—2 表示制冷剂在压缩机中的绝热压缩升温过程，2—3 表示制冷剂在冷凝器中的恒温放热过程（恒温热源），而 3—4 表示制冷剂在膨胀机中的绝热膨胀降温过程。

6.3.3 制冷的效率（制冷系数）

从上述分析不难发现，要维持冷冻水源源不断的生产，是必须以消耗外界输入能量做代价的。那么，这个制冷装置可生产多少冷量，又会消耗了多少额外的能源呢？

由图 6-3 可知，根据能量守恒定律，制冷工质从恒温冷源吸收热量即等于被冷却介质所放出的热量，即可以输出的制冷量，数值上为 $q_0 = T_0(s_1 - s_4)$，用面积 41654 表示；工质向恒温热源放出热量为 $q_k = T_k(s_2 - s_3)$，用面积 23562 表示；工质完成一个循环所消耗净功 $w_0 = q_k - q_0 = (T_k - T_0)(s_1 - s_4)$，用面积 12341 表示。

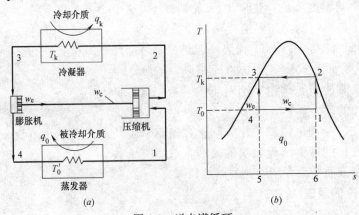

(a) (b)

图 6-3 逆卡诺循环

在制冷循环中，制冷剂从被冷却物体中吸取的热量（即制冷量）q_0 与所消耗的机械功 w_0 之比称为制冷系数，也及是制冷效率，或称能效比，用 ε 表示。它是评价制冷循环经济性的指标之一。在逆卡诺循环中，有：

$$\varepsilon_c = \frac{q_0}{w_0} = \frac{q_0}{q_k - q_0} = \frac{T_0}{T_k - T_0} \tag{6-2}$$

由式（6-2）可知，逆卡诺循环的制冷系数仅取决于热源温度 T_k 和冷源温度 T_0。冷源温度 T_0 越高，制冷系数 ε 越大；热源温度 T_0 越低，制冷系数 ε 的越大；制冷系数 ε 的高低与制冷剂本身的性质无关。应当指出，在逆卡诺循环中，由于高温热源和低温热源温度恒定、无传热温差存在、制冷工质流经各个设备中不考虑任何损失，因此逆卡诺循环是理想制冷循环，它的制冷系数最高。而在实际制冷装置中，系统非常复杂，种类繁多，有许多涉及系统优化、提高能效、节能减排方面的问题，将在专业课中深入介绍。

6.4　建筑热能采集原理

从 6.2 节介绍的建筑热能生产的原理可知，它是建立在对化石能源的大量消耗、温室气体、粉尘、酸性气体、废渣等排放基础上的，而且将高品位的化学能用于低品位的供热，存在高能贱用的不合理性（尽管能量数值守恒）。实际上，在建筑周围的空气、水、土壤中蕴含着大量的热能，受上节制冷原理的启发，是否可以将这些低品位的热能采集起来，供建筑供暖使用呢？答案是肯定的。那将对节约能源、保护环境具有重大意义啊。

冬季将大气环境或土壤作为低温热源，将供热房间作为高温热源进行供热，这样工作的装置称为热泵，也就是像泵那样把低位热源的热能转移至高位热源。热泵的经济性用供热系数 μ 表示，供热系数为所获取的热量与耗功量之比，相当于每消耗单位功耗所能够获得的热量。

$$\mu_c = \frac{q_k}{w_0} = \frac{q_0 + w_0}{w_0} = \varepsilon_c + 1 \tag{6-3}$$

由式（6-3）可知，热泵的供热量永远大于所消耗的功量，但它是符合能量守恒定律的。热泵所消耗的功转化为热并与从低位热源提取的热能一起用于供热了，是综合利用能源的一种很有价值的措施。这可从图 6-2 可以更直观地看出，高温热源是我们热泵的服务对象；若转化到制冷工况运行，低位热源是生产目标，抽走的热量与消耗的功也一起排出去了，只不过弃而不用罢了。

可见，不管是制冷原理或建筑热能采集原理，其核心都是热力学第二定律，而对于其能源转换效率及经济性分析的基础则是能量守恒定律。尽管上述原理属于最简单情形，但今后的工程实际再复杂，也万变不离其宗。

需要指出，由于大气和土壤的热源密度较低，对于供热量需求较大的建筑，犹如杯水车薪；此外对于工程设计，还需考虑技术经济权衡，任何技术都有其劣势，能源供应解决方案多元化是不可避免的。

最后要说明的是，本节介绍的建筑热能采集对象是大气或土壤的热能采集，对于太阳能、生产工艺的余热和建筑排风余热都可以采集，虽然原理不同、设备装置各异，但与上述有异曲同工之效，这里不再赘述。

6.5 建筑能源的交换原理

6.5.1 能源交换的必要性与必然性

与前几节相比，本节所讨论的问题是更为微观的、离工程实际更接近的技术问题。如前所述，建筑能源的获取方式有很多，可以通过机械做功转换而获得（如制冷），也可以采用化石燃料燃烧、热泵采集或直接收集太阳能等方式得到，这仅仅完成了第一步能量形式转换过程。在这个转换过程中，能源必须有一个承接载体，如过热或饱和的水蒸气、热水、冷冻水、热空气、冷空气等，专业上称为热媒或冷媒；相对于应用终端，它实际上就是建筑的集中热源或冷源，或细观层次的建筑能源。但这些中间能源携带载体是否可以直接被建筑室内房间所用呢？答案是否定的。因为能源生产设备输出的携能介质的温度、压力参数是额定的，而建筑中不同功能空间的环境要求非常复杂，且差异很大（如除湿需要的冷冻水温度要 7℃，而冷却空气的冷冻水温度 16～19℃ 即可；毛细管空调热水只需 32～35℃，而卫浴热水需要 60℃），要满足建筑不同房间的室内环境舒适性和其他功能性要求，就需要对供能的"品质"进行合理有效的分门别类地"调节"或交换，才能达到较精确的创造和控制被处理对象的人工环境。

另一方面，是否通过调节或交换达到室内预期就万事大吉了呢？不。因为室内气候环境不是孤立的，它还受室外气候条件、围护结构热工特性、室内使用条件等综合作用，它必然地、不以人的意志为转移的在这个复杂体系中进行能量交换，而遵循的规律仍然是前述的基本定律。在此基础上，本节进一步细化建筑能源交换的基本原理，浅涉专业知识的核心。

根据参与能源交换的两种载体在能源交换过程中的相对位置不同，建筑能源交换的类型有四种：一是混合式热质交换类，二是接触式热质交换类，三是间壁式热交换类，四是前三者的任意两种的混合类型。

对于第一类混合式热质交换方式，专业中有很多应用。实际上，空调房间的送风与室内空气混合，达到设计预期的室内状态，就属于气-气混合热质交换过程，这也最普遍，其原理在 3.2 节中有详细介绍。此外还有汽水混合加热器、蒸汽加湿器等。

第二类接触式热质交换的特点是，参与热质交换的两种介质直接接触，如喷淋室、冷却塔、液体吸湿器等。

第三类间壁式热交换的特点是，进行热质交换的介质不直接接触，二者之间的热质交换是通过分隔壁面进行。如建筑围护结构，各种形式的汽-水换热器、水-水换热器、空气加热器及空气冷却器等。

第四类混合型的包括通风墙体、呼吸幕墙、喷水式表面冷却器等。

本节重点介绍第二、三类能源交换原理。

6.5.2 接触式能量交换原理

你一定体验过用湿毛巾擦脸后，夏天感到凉爽、而冬天感到更冷吧？知道为什么吗？实际上，它就是脸上水膜与空气的能量交换过程在起作用。没有擦脸前，面部皮肤感受到的温度是环境的空气的温度（专业术语叫干球温度），而用湿毛巾擦脸后面部皮肤感受到的就不是周围空气的温度了，而是脸上薄薄的水膜温度了。因为水膜表层的水蒸气的分压力等于大气压力（相对湿度100％），它就具有向周围水蒸气浓度低的空气扩散的动力（质扩散），导致水膜表面的水源源不断相变蒸发。如前所述，水的相变蒸发需要外部提供能源（汽化潜热），能量怎么来呢？只有通过皮肤温度降低而被冷却（专业上叫传热过程），所以面部就感觉凉悠悠的啦。因此日常生活体验也包含了比较深奥的热质交换的道理。

然而，建立在感性认识基础上的经验还不能上升到科学层次，科学的东西必须定量描述，以此揭示共性规律，才能进一步推广应用。比如，蒸发冷却表面的降温具体数值是多少？有没有最大的极限？周围环境不同对降温效果有什么样的影响规律？要定量回答这些问题，仅凭经验就不行了，还得借助实验。

怎么来设计一个简易的实验来揭示上述现象呢？先驱科学家非常巧妙地解决了这个难题。他们用一只温度计直接感受空气温度（测出的干球温度）；而另一只温度计的感温头用薄纱布包好，再把纱布的下端放入一个小水槽中，通过纱布的毛细力可以让感温头上的纱布被水膜浸润，就非常接近湿毛巾擦脸后面部的状态了，这样，读出的温度叫湿球温度。两者的差异就是蒸发冷却的最大效果。

其实，这个实验你也可以轻易实现。按照图6-4，去市场购买两只水银温度计，制作一个简易支架，找一块小纱布和一个小水杯，组装起来就好了。做好后，可以每小时记录温度数值，连续测试几天，比较白天与夜晚，阴雨天与晴天的干湿球温差，你一定会发现一些很有趣的规律。按照这个原理，市场上已经有许许多多产品，广泛应用于工农业生产的方方面面，也包括建筑领域，如图6-5所示。

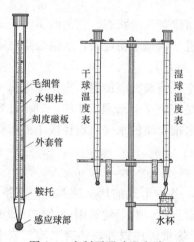

图6-4 自制干湿球温度计

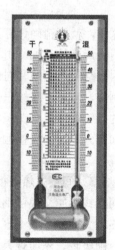

图6-5 温湿度计

然而，环境调控与能源消耗是紧密相连的，仅仅知道蒸发降温限值及规律还不够，还需定量描述在热质交换背后的质量及能量转换规律，这是能源应用工程不可回避的。

假设室外的空气湿度达不到室内环境要求，需要做加湿的调质处理。那么可否受到湿毛巾擦脸的启发，对空气进行可控的处理呢？将水温为 t_w、焓为 h_w 的水盛于一个绝热小室的水槽中，让压力 p、干球温度 t_1、含湿量 d_1、焓 h_1 的室外空气流入与水直接接触，保证二者有充分的接触表面和时间，那么，流出的空气必然达到某种稳定的饱和状态，但是出口空气的状态参数（p、t_2、d_2、h_2）如何定量地确定？这需要应用能量守恒定律

（图 6-6）。假设小室为绝热的，所以没有能量的流进流出，那么，如果以每千克干空气的湿空气为分析基础，以整个小室为分析对象，流入的能量为 h_1，流出的能量为 h_2，两者的差异必然等于内能的变化；由前可知，空气与水直接接触，必然会有水蒸发扩散到空气中，致使含湿量增加，在空气出口时达到最大值，内部的变化就只有水槽的水减少了 (d_2-d_1) 克，若水的焓为 h_w，则系统内能减少量为 $(d_2-d_1)h_w/1000$，从而可建立绝热小室的能量平衡方程式：

$$h_2-h_1=(d_2-d_1)h_w/1000 \tag{6-4}$$

式中 h_w——液态水的焓，kJ/kg，$h_w=4.19t_w$。

由式（6-4）可见，空气焓的增量就等于蒸发的水量所具有的焓，由此可以导出：

$$(h_2-h_1)/[(d_2-d_1)/1000]=h_w=4.19t_w \tag{6-5}$$

显然，小室内空气状态的变化过程是水温的高低起决定作用。结合前面的湿球温度的概念，当空气与水接触充分，且时间足够长，出口空气可达到饱和状态，相对湿度达100%，温度即可认为是进口状态空气的湿球温度。展开式（6-5），得：

$$h_2=h_1+(d_2-d_1)\times4.19t_w/1000，且 h_2=1.01t_2+(2500+1.84t_2)d_2/1000 \tag{6-6}$$

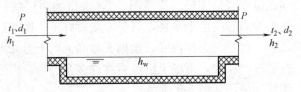

图 6-6　接触式热质交换原理

这样，就可精确计算出通过热质交换调质后，出口空气的状态。它是调质设备设计和冷热消耗计算的基础。由于在前述条件下，空气的进口状态是稳定的，水温也是稳定不变的，因而空气达到饱和时的空气温度即等于水温（$t_2=t_w$）。

例如，当小室水槽里面提供热水时，则进入的空气将被加湿加温；提供冷冻水时，则进入的空气被除湿降温，空调机组的喷淋除湿段就是按照这个原理工作的。只不过为了让水更加充分地与空气接触，提高热质交换效率，把水槽介质的水变成粒径极小的水雾与空气流混合。

6.5.3　间壁式热交换原理

间壁式热质交换包括建筑围护结构的传热传质，各种形式的热交换器等。其特点是，进行热质交换的介质不直接接触，而是通过分隔壁面进行。对于建筑围护结构（如混凝土墙体、砌块砖、屋面等具有微小孔隙的间壁），除了热量传递以外，还有水蒸气或水渗透的质传递过程，而换热器的间壁一般由金属材料加工制作，仅存在热量传递与交换，质传递可以忽略不计。尽管对于建筑围护结构的质传递比较普遍，但不是主流，这里仅仅介绍热交换的原理。

热量由壁面一侧的流体通过壁面传到另一侧流体中去的过程称为传热过程。冷、热流体通过一块大平壁交换热量的稳态传热过程的热流量可表示如下：

$$Q=FK(t_{f1}-t_{f2}) \tag{6-7}$$

式中 Q——热流量，表示单位时间内通过给定面积传递的热量，J/s 或 W；

F——平壁的面积，m²；

t_f——t_{f1}、t_{f2}分别表示壁面两侧流体的温度，℃。

$$K=\frac{1}{\frac{1}{\alpha_1}+\frac{\delta}{\lambda}+\frac{1}{\alpha_2}} \qquad (6\text{-}8)$$

式中　α——α_1、α_2 分别表示壁面两侧流体与壁面的对流换热系数，W/(m²·K)；

δ——壁面厚度，m²；

λ——壁面导热系数，W/(m·℃)。

式中 K 称为传热系数，单位为 W/(m²·K)。数值上，它等于冷热流体间温差 $\Delta t=$ 1℃、传热面积 $F=1$m² 时的热流量的值，是表征传热过程的强烈程度。传热过程越强烈，传热系数越大，反之则越小。传热系数的大小不仅取决于参与传热过程的两种流体的种类，还与过程本身有关（如流速的大小、有无相变等）。值得指出，如果需要计及流体与壁面间的辐射传热，则式（6-8）中的表面换热系数 α_1、α_2 可取为复合换热表面换热系数，它包括由辐射传热折算出来的表面换热系数在内。表 6-1 列出了通常情况下传热系数的大致数值。

传热系数的大致数值范围　　　　　　　　　　　表 6-1

过　　　程	K [W/(m²·K)]
建筑屋顶	0.2～1
建筑外墙	0.5～1.5
建筑外窗	1.0～4.0
内围护结构	1.5～3.0
从气体到气体（常压）	10～30
从气体到高压水蒸气或水	10～100
从油到水	100～600
从凝结有机物蒸气到水	500～1000
从水到水	1000～2500
从凝结水蒸气到水	2000～6000

式（6-7）称为传热方程式，是建筑冷热负荷及换热器热工计算的基本公式。鉴于传热过程总是包含两个对流传热的环节，有时也把传热方程式（6-8）中的 K 称为总传热系数。以区别于其他两个组成环节的表面换热系数。

下面从这个公式出发，简单介绍本专业最重要的两个知识点。

6.5.4　建筑节能与传热强化

1. 被动式建筑节能原理

尽管所有间壁式热交换的强烈程度均可用式（6-7）来概括，但针对建筑环境与能源应用系统中不同地方的热交换过程，其主要矛盾不同，诉求各异，有的地方需要强化能量交换过程，而有时候又需要遏制。因此，辩证灵活地应用该基本理论，方可触类旁通，学以致用。

从前面对建筑环境特性及被动式营造方法的讲述可知，对于建筑围护结构两侧的热量交换，无疑是需要遏止和尽量弱化的。要营造较好的室内环境，减少建筑的冷热负荷需求，降低空调供暖能耗，最终实现建筑节能，那么，从式（6-7）可以给建筑节能途径以什么启示呢？

(1) 降低室内外的温差 ΔT

从式（6-7）可见，在建筑围护结构面积 F 和传热系数一定的情况下，参与热交换的室内外空气温差 ΔT 降低，则可减少通过围护结构的传热量。即夏天可以减少从室外传入的热量，冬天可以减少从室内散失的热量。可是，室外温度取决于气象条件，很难由人们的意志决定；而室内设定温度是可以控制的。在满足室内舒适的条件下，夏天室内温度别太低，冬天室内温度别太高，这不就让室内外温差降低了吗？因此，《暖通空调设计规范》规定了室内温度限值，就是根据这一原理的；每年夏季炎热来临前，政府都要宣传，呼吁大家把空调设定温度调高 1℃，也是基于这一原理。

(2) 降低围护结构表面积 F

对于一定的建筑，围护结构的面积一般变化不大，但是若建筑师在表面上（外立面）增加一些冗余的装饰，导致表面积增加，那么通过围护结构的传热量就会增加。因此，被动式建筑环境营造方法从建筑设计使立面尽量简洁以降低表面积，也可以有利于建筑节能。

(3) 降低传热系数 K

在建筑围护结构面积 F 和两侧室内外温差 ΔT 一定的情况下，围护结构的传热系数 K 降低，也可减少通过围护结构的传热量。从而减少建筑的冷热需求，实现建筑节能。那么，从哪些途径可以降低围护结构的传热系数呢？式（6-8）告诉了我们的努力方向。

1) 减弱内外侧换热不是主要矛盾。对于由室外空气、围护结构、室内空气组成的能量交换系统，是由两侧对流换热和壁面导热组成，式（6-8）的分母三项正是代表了每个环节的贡献。由于内、外侧空气与围护结构表面的换热系数 α_1、α_2 大小主要取决于空气流速，风速越低，对流换热系数 α 越小，则传热系数 K 越小。从日常经验也可知，冬季气温相同的情况下，躲在背风的地方可御寒，在寒风中则很冷。但因室外风速由气象条件决定，室内风速本就很低，故降低 K 的主要方向需从围护结构入手。

2) 在 α_1、α_2 和围护结构导热系数 λ 一定的情况下，增加围护结构厚度，可以显著降低传热能力，达到改善室内环境和节能的效果。其实，就相当于让建筑穿更厚的"衣服"，当然就会暖和啦。从南方到北方，外墙的厚度越来越厚，比如成都、重庆、武汉外墙厚度一般为 240mm，而北京、天津以 370mm 居多，到哈尔滨外墙就达 500mm，是有科学道理的。

3) 减小围护结构材料导热系数 λ。从式（6-8）可见，在其他条件相同的条件下，减小 λ，提高围护结构保温性能，也可以显著降低 K 值，减少空调供暖能耗。这就相当于把建筑外面穿的旧棉衣换成羽绒服，哪怕厚度一样，暖和程度就会大大加强。

以上从公式简单地引申出了建筑节能的一些基本原理，但实际上，建筑围护结构涉及很多种类，如外墙、外窗、屋顶等，每种围护结构的构造都不一样，材料也不同，所以建筑节能远远不是上述那么简单，不过只要你明白了这个基本原理和逐层抽丝剥茧的方法，再复杂的问题也不困难了。

2. 主动式建筑节能原理（传热强化）

对于建筑能源应用系统中大量应用的换热器，增强能量交换过程总是有利的，以提高能效、节约能源，或减少材料消耗、降低设备初投资。它是主动式建筑节能的核心技术，因为不管是冷源、热源设备，系统能源交换设备，都需要强化传热过程。式（6-7）告诉我们，增大换热表面积 F、两侧温差 ΔT 和传热系数 K 都可以增大能量交换量 Q。但现实中，很多时候受限于换热器尺寸（F 一定）和冷热流体的换热条件（两侧温差 ΔT 一定），那么这时如何强化传热过程呢？

从式（6-8）可见，内、外侧流体与表面的换热系数 α_1、α_2 及壁面导热系数 λ 越大，壁面厚度 δ 越小，则传热过程越强烈，Q 值越大。

（1）增大 α：一般来说，两侧流体的 α 大小与流速有关；流速越大，则 α 越大，即可强化传热。虽然在设计换热器时，可尽量增大两侧流体的速度，付出的代价是会增加水泵或风机的能源消耗，因此流速存在最佳的范围，不能一味地增大。

（2）增大壁面材料 λ：壁面导热系数 λ 越大，则热量从一侧流体通过导热传递到另外一侧流体的速度越快，传热越强；如选择铜、铝等导热系数大的材料比普通钢材、陶瓷作换热器传热效果要好一些。

（3）减小壁面厚度 δ：壁面厚度 δ 越小，则传热过程越强烈，传递的热量 Q 值越大，就如人们夏天尽量减少衣服厚度更有利于散热一样。

这么多因素影响传热过程，是否存在主要矛盾并需优先加以解决呢？其实式（6-8）也隐含地告诉了人们其中奥妙。在该式的分母三项，分别代表了两侧的对流换热过程（$1/\alpha_1$，$1/\alpha_2$）和壁面的导热过程（δ/λ）的热阻；任何一项其值越大，则说明它在总的传热过程中的影响越大，是制约增大传热系数的关键因素，只有优先降低它，才能使 K 值增加有立竿见影的效果；否则，分不清矛盾的主次，从小项去强化换热过程，哪怕费了很大的代价，强化传热的效果也是不显著的。如分母三项分别是 0.1，0.01，0.001，总传热系数为 $K=9.01$，若想办法把第一项降低 90％至 0.01，则总 $K=47.6$，增加了 4.28 倍；但若把第二项降低 90％至 0.001，则总 $K=9.8$，在同样努力的情况下，K 值只增加了 9％。可见，要强化传热，找准突破口至关重要。

通过上述分析，不难引申出以下三点：

第一，在换热器面积 F 相同、换热条件 ΔT 相同的条件下，传热系数 K 提高了就意味着用这样的换热器就可传递或回收更多的热量，效率大大提高。

第二，受工艺局限，冷热流体的温差为定值，而需求侧所需热量也一定，这种情况下 K 值的提高就意味着需要的换热器面积 F 可以显著降低，生产换热器消耗的材料减少，空间体积更小，在建筑中安装所占的空间更少。

第三，若换热器的面积 F 一定，传递热量由需求已经决定的情况下，K 值的提高也意味着需要的两侧流体的温差 ΔT 可以大大降低，以同样大小的换热器在很小的温差下就可以交换相同的热量，或被冷却的介质的温度与冷却介质的温度更接近，有利于设备的安全。

以上说明了主动式建筑节能的内涵。

3. 被动式与主动式建筑节能的外延

从以上分析也可以窥探被动式与主动式建筑节能的外延。

所谓的被动式建筑节能，在几个方面处于被动：①围护结构的面积取决于建筑设计本身，不能随心所欲地进行减小；②室外气温主要取决于室外气象，室内温度则由人的舒适性决定，冷热两侧的温差 ΔT 也不能随心所欲地减小（至少受限很大）；③围护结构内外

侧的换热系数 α（空气流速）也主要取决于室内外气象条件，通过主动干预使其有利于降低 K 值的可能性小；④被动式建筑节能很大程度上只能依靠减小建材导热系数、增加围护结构厚度等措施弱化传热过程，达到建筑节能的目的，并受制于围护结构的空间布局，因此被称为被动式建筑节能——尽管其若干措施是"主动的"。

所谓的主动式建筑节能，在几个方面处于主动：①根据设计和工程的需要，换热器的面积 F 可以随心所欲地进行增减；②冷热流体两侧的温差 ΔT 大多可根据需要随心所欲地增加；③为强化传热表面两侧的换热系数 α（介质流速）可以通过主动干预使其有利于增大 K 值的方向优化；④可以通过增大壁面导热系数、减小壁面厚度等措施强化传热过程，达到建筑节能及提高效率等目的，不受制于换热器的空间布局。以上所有环节都是可控或可按照设计者意志"主动"调节的，因此被称为主动式建筑节能。

6.6 建筑能源的输配

6.6.1 电能输配

电能是建筑中使用最普遍的能源形式，无论是家用办公设备、照明电器、环境调控设备，还是建筑通信、楼宇自控及安防等都离不开电能供应。

电能传输有两种形式：一是通过导线以电子形式传输；二是以电磁波形式无线传输，这些知识在物理学中已有介绍，不再重复。

1. 建筑电气的分类

（1）强电系统

强电一般指交流电电压在 24V 以上。强电系统主要包括建筑电工电气和建筑照明产品。建筑电工电气包括供配变电设备、高低压电源电器开关、开关柜电箱、插座、断路器、接触器、电容器、启动器、室内外配电器、电流电压互感器、电气节能改造装置、电气防火，变换器、各类仪器仪表、建筑电气系统集成；建筑照明产品包括指示灯、光源、灯具灯饰、照明配件、照明电工产品、照明器材、调光设备、智能照明控制系统。

（2）弱电系统

弱电一般指直流电路或音频、视频线路、网络线路、电话线路，交流电压一般在24V 以内。弱电系统主要包括建筑综合布线系统、建筑安防与消防系统、建筑通信自动化系统、公用设施的自控系统等。建筑综合布线系统包括楼宇设备管理自控系统，可视、非可视楼宇对讲系统，楼宇电力装置、家居自动化系统、出入口控制系统，智能家居系统综合布线产品与方案；建筑安防与消防系统包括防盗与监控报警系统，各种镜头，办公住宅安全防护技术，防伪技术与产品，一卡通、门禁、监控、抄表等社区服务系统和自动灭火、火灾报警系统以及联动系统等；建筑通信电气包括建筑通信自动化系统、VOD 设备、信息家电控制系统、室内集中控制产品计算机安全监察及应用器材，电脑设计软件等；公用设施的自控系统包括中央空调、冷/热水机组、制冷设备、空调机等设备的自控系统。

2. 供配电方式

供配电方式是指电源与电力用户之间的接线方式。具体有以下几种方式：

（1）放射式：放射式供配电接线的特点是由供电电源的母线分别用独立回路向各用电负荷供电，某供电回路的切除、投入及故障不影响其他回路的正常工作，因而供电可靠性较高，一般用于可靠性要求较高的场所。

（2）树干式：树干式供配电接线的特点是由供电电源的母线引出一个回路的供电干线，在此干线的不同区段上引出支线向用户供电。这种供电方式较放射式接线所需供配电设备少，具有减少配电所建筑面积及设备、节省投资等特点。但当供电干线发生故障，尤其是靠近电源端的干线发生故障时，停电面积大。因此，此接线方式的供电可靠性不高，一般用于向三级负荷供电。

（3）环式：环式供配电接线的特点是由一变电所引出 2 条干线，由环路断路器构成一个环网。正常运行时环路断路器断开，系统开环运行。一旦环中某台变压器或线路发生故障，则切除故障部分，环路断路器闭合，继续对系统中非故障部分供电。环式供电系统可靠性高，但断路器之间配合较复杂，适用于一个地区的几个负荷中心。

（4）格网式：格网式供配电接线的特点是将供电干线接成网格式，在交叉处固定连接。格网式供电系统可靠性最高，适用于负荷密度很大且均匀分布的低压配电地区。目前，我国电气设备的分断能力有限，应用格网式供电系统尚受到一定限制。

3. 低压系统的配电电压及供电线路

（1）低压系统的配电电压

1）交流电压的选择

① 交流动力电源电压一般选用 380V/220V，变压器中性点直接接地的三相四线制系统。②交流控制回路电源电压一般选用 380V/220V，当控制线路较长有可能引起接地时，为防止控制回路接地而造成电动机意外启动或不能停车，宜选用 220V。当因控制元件功能上的原因或因安全需要采用超低压配电时，其控制电压的等级为 36V，24V，12V，6V。例如，生活水泵的水位控制继电器一般要求 24V 的控制电压、消防设备（如防火门、防火阀、打碎玻璃按钮等）通常也需要 24V 控制电压。此外，对集中控制系统的模拟灯盘宜采用 24V 以下的信号电压，以减少灯具尺寸并减少灯具发热，降低能耗。

2）直流电压的选择

① 直流动力电源电压一般选用 220V；②直流系统控制电源电压一般选用 12～220V，视设备要求而定。

（2）低压供电线路

低压供电线路包括低压电源引入及电源主接线等。电源引入方式有电缆埋地引入和架空线引入两种。建筑工程电源引入方式，视室外线路敷设方式及工程要求而定。当市电线路为架空敷设时，可采用架空引入方式，但应注意架空引入线不应设在人流较多的主要入口。为了防止雷电波沿架空线入侵建筑内变电所，有条件时可将架空线转换为地下电缆引入方式，电缆埋地长度不应小于 15m。

4. 建筑供配电系统的构成

建筑供配电系统由配电线路、配（变）电室和用电设备组成。系统可分为一次部分（变换和传输电能）和二次部分（用于监测、保护、计量及控制）。一次部分又称一次回路，其设备叫作一次设备（如变压器、发电机、隔离开关、断路器、熔断器、电力线路、互感器、避雷器、无功补偿装置等）。一次回路可进行电能的接受、变换和分配。但不能进行监测、保护和控制。二次部分又称二次回路，其设备叫作二次设备（如测量仪表、保护装置、继电保护与自动装置、开关控制装置、操作电源、控制电源等）。二次回路用于监测电流、电压、功等运行参数、保护一次设备及进行自动开关投切操作控制。

6.6.2　冷热源流体输配原理

这里的冷热源，是指携带冷量或热量的流体，所以也可泛指流体输配原理。

1. 输配载体

在建筑环境调控过程中，需要提供的冷量、热量必须采用流体（水、空气等）作为媒介，通过复杂的管网把冷热量输送到各个房间去进行热质交换，最终才能实现环控目标。但是要实现这个过程，流体不会自发流动，需要特殊设备（如水泵、风机）提供动力，消耗能源。也就是说，建筑环境调控的冷热源（能量）以流体为媒、以管网为输配渠道、以额外设施提供动力实现的。

2. 原理

但是，冷热源载体在流动过程中能量变化必须遵循什么规律？如何定量计算外界应该提供多大的动力（能源）才能把携能媒介输送到期望的地点？这是关系到输配可靠性、运行经济性、能源消耗有效性等方面的重要问题。读者对其原理需要做一个初步了解。

外界提供能源，驱使流体在管网里流动，机械功变成运动能，实际上又是一个能源转化的问题！它必然要遵循能量守恒定律。对于特定的管网系统，外界提供的机械能，必然与位能、动能及系统内能变化（功转化为热）存在密切关系，而在输送管网中功转化为热的能量损失的确定又是问题的关键，因为前两项是很容易确定的。根据物理学的基本知识，在流动过程中，流体之间会发生相对运动，流体与固壁之间会发生摩擦，切应力及摩擦力的做功，都是靠损失流体自身所具有的机械能来补偿的，这部分能量均不可逆转地转化为流体的热能。这种引起流动能量损失的阻力与流体的黏滞性和惯性、与管道壁面对流体的阻滞作用和扰动作用均有关系。因此，为了得到能量损失的规律，必须同时分析各种阻力的特性，研究壁面特征的影响，以及产生各种阻力的机理。弄清了各项能量损失就可以明了降低损失的途径和节能；或精确选定输送设备的所需动力大小，避免盲目性和大马拉小车。

能量损失一般有两种表示方法：对于液体，通常用单位质量流体的能量损失（或称水头损失）h_1 来表示，其因次为长度；对于气体，则常用单位体积内的流体的能量损失（或称压强损失）p_1 来表示，其因次与压强的因次相同。

在流体输配过程中，能量是不断损失的，一般工程上把能量损失分为两类：沿程损失 h_f 和局部损失 h_m。

为了形象和直观，假设冷热源储蓄在大水池中，输配设备提供的动力以水箱的液位高度 h 代替（表示做功能力，也称压头或水头），水作为携能媒介，水箱下部的水管代表输配管网；如图 6-7 所示，由于水位动力的作用，水从水箱出口 a 以 v_1 流速进入管路，流经一段距离后到 b 处，管径变小流速变成 v_2，在经过一段距离后，因调节所需在 c 处安装了一个调节阀门，再流动一段距离后以 v_2 速度流出管路系统。图 6-7 中标出了测压管水头线（表示水流到该处时的静压力），在该线之上是总水头线（表示水流到该处时还具有的总做功能力），后者与前者之差表示水具有的动能。根据能量守恒定律，对于管路上的任何断面，都有：

静压头＋动压头＋从入口流到该断面的总损失＝入口断面的总压头 h

管路中的能量损失有：

沿程损失：在管路截面不变的管段上（如图 6-7 中的 ab，bc，cd 段），流动阻力主要由流体与壁面的摩擦引起能量消耗，称这类损失为沿程阻力或摩擦损失，它与壁面的粗糙度和流速有直接关系。由于等截面管段流体速度和壁面粗糙度相同，故它与管段的长度成正比，所以也称为长度损失。图 6-7 中的 h_{fab}，h_{fbc}，h_{fcd} 就是 ab，bc，cd 段的损失——沿程损失。

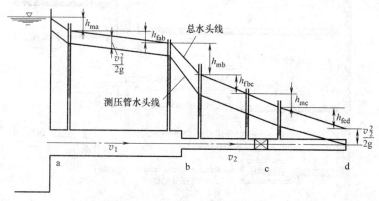

图 6-7　沿程阻力与沿程损失

局部损失：当流体在管路中流动方向和流速发生急剧变化，流体中就会在该区域产生旋涡而内耗能源，这种集中分布的阻力称为局部阻力，克服局部阻力的能量损失称为局部损失。例如图 6-7 中的管道进口、变径管和阀门等处，都会产生局部阻力，h_{ma}，h_{mb}，h_{mc} 就是相应的局部水头损失。

能量损失的大小如何计算呢？

对于沿程水头损失，

$$h_f = \lambda \frac{l}{d} \cdot \frac{v^2}{2g} \tag{6-9}$$

对于局部水头损失，

$$h_m = \xi \frac{v^2}{2g} \tag{6-10}$$

式中　l——管长；

　　　d——管径；

　　　v——断面平均流速；

　　　g——重力加速度；

　　　λ——沿程阻力系数；

　　　ξ——局部阻力系数。

假设在环控房间需要速度为 v_2 的携能介质，通过图 6-7 所示的管路输配，则需要付出的输配能耗代价是整个管路的沿程损失和各局部损失的总和。即

$$h_l = h_{fab} + h_{fbc} + h_{fcd} + h_{ma} + h_{mb} + h_{mc} \tag{6-11}$$

可以发现，在前述建筑热能生产设备、制冷装置的能源利用效率和损失的方法与分析管网损失的类似性，核心都是利用基本定律来解决本专业重大的能源应用效率问题。

6.6.3　燃气输配

燃气是建筑的主要能源之一。

城市燃气的气源通常来自于偏远地带，一般要经过长输管线输送。但使用人工燃气的城市，气源的提供是由制气厂完成的。城市燃气供应系统由气源、输配和应用 3 部分组成。图 6-8 为以长距离管道输送天然气为气源的城市燃气系统流程示意图。

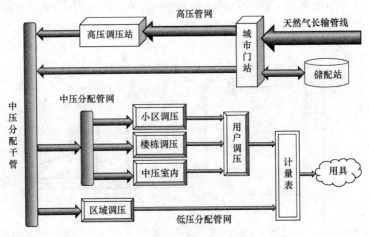

图 6-8　城市燃气系统组成

1. 气源

在城市燃气供应系统中，气源就是燃气的来源，目前常用的气源有长距离管道输送天然气、液化天然气、压缩天然气、人工燃气、液化石油气、生物质燃气等。

2. 输配系统

城镇燃气输配系统是由气源到用户之间的一系列燃气输送和分配设施组成，一般由门站、储气设施、燃气管网、调压设施、输配调度和管理系统等组成。

（1）门站与储气设施

以长距离管道输送天然气为气源的城市，门站是接受长距离管道天然气进入城市的门户，具有过滤、计量、调压与加臭功能，有时兼有储气功能。

（2）燃气管网

1）按压力分类，高压与次高压燃气管道一般采用焊接钢管，直径较小时可采用无缝钢管，具体应通过技术、经济比较确定钢种与制管类别。中压与低压管道常用的管材有钢管、聚乙烯复合管（PE 管）、钢骨架聚乙烯复合管、铸铁管等。

2）按敷设方式分类，可分为地下燃气管道和架空燃气管道。地下燃气管道一般在城镇中常采用。架空燃气管道在管道通过障碍时或在工厂区为了管理维修方便，可采用。

3）按用途分类。按用途可分为长距离输气管道、城市燃气管道和工业企业燃气管道。

长距离输气管道主要用来长距离输送燃气，一般压力很高。其干管及支管的末端连接城镇门站或大型工业企业，作为该供应区的气源点。例如：陕北—北京长输管道及西气东输管道。城市燃气管道，又可分为：①分配管道，是将燃气自接受站（门站）或储配站输送至城镇各用气区域，或将燃气自调压室输送至燃气供应处，并沿途分配给各类用户的管道，包括街区燃气管道和庭院的燃气管道；②用户引入管，是将燃气从分配管道引到用户室内的管道；③室内燃气管道，是建筑物内部的燃气管道，通过用户管道引入口将燃气引向室内并分配到每个燃气用具的管道。

工业企业燃气管道包括：①工厂引入管和厂区燃气管道，是将燃气从城镇燃气管道引入工厂，分送到各用气车间的管道；②车间燃气管道，是从车间的管道引入口将燃气送到车间内各个用气设备的管道，包括干管和支管；③炉前燃气管道，是从支管将燃气分送给炉上各个燃烧设备的管道。

（3）调压设施

调压设施是在城市燃气管网系统中用来调节和稳定管网压力的调压站（或调压柜、调压箱），通常由调压器、阀门、过滤器、安全装置、旁通管及测量仪表所组成。有的调压站还装有计量设备，除了调压作用，还起计量作用，通常将这类调压站叫作调压计量站。

（4）输配调度和管理系统

城市燃气输配调度和管理系统，是对城镇燃气门站、储配站和调压站等输配站场或重要节点配备有效的过程检测和运行控制系统，并通过网络和调度中心进行在线数据交互和运行监控，如燃气 SCADA 系统、GIS 系统和 MIS 系统等。其基本任务是，对故障事故或紧急情况做出快速反应，并采取有效的操控措施保证输配安全；使输配工况具有可控性，并按照合理的给定值运行；及时进行负荷预测，合理实施运行调度；建立管网运行数据库，实现输配信息化。输配调度和管理系统是燃气管网安全高效运行的重要技术措施，也是燃气管网现代化的重要内容。

最后指出，包括燃气在内的流体在管网中的输配流动也与冷热媒的输配原理是相似的。

思 考 题

1. 建筑中的能源需求有哪些种类？可从哪些渠道满足这些能源需求？

2. 建筑热能生产的基本原理是什么？如何来评价其能源转化效率？

3. 制冷的原理是什么？制冷效率的高低与哪些因素有关？

4. 建筑热能采集的方式有哪些？从低位热源采集的建筑所需热能的原理是什么？

5. 在建筑系统中有哪些能量交换形式？接触式能量交换的原理是什么？

6. 间壁式能量交换大小如何预测？

7. 被动式建筑节能的原理是什么？有哪些主要途径？

8. 主动式建筑节能的原理是什么？有哪些主要途径？

9. 你如何理解"主动式"与"被动式"建筑节能的外延？

10. 建筑冷热源输配的原理是什么？

11. 你如何理解能量守恒定律在本专业核心内容应用的普遍性，请列举 3～4 个案例。

第7章 建筑能源应用工程概论

对于建筑环境与能源应用工程专业，能源应用是其另一个重要内涵。要给人们提供舒适、健康、安全的生活居住环境，消耗能源是不可避免的；但我们应该树立一个理念：在满足以上条件的同时，尽可能合理利用能源、提高能效，降低能源消耗，减少污染物的排放，实现人和生态健康、和谐发展。

在建筑能源消耗中，其使用过程中所消耗的能源，称为建筑能耗，包括供暖、通风、热水、炊事、照明、电梯、空调等方面能耗，目前这部分能耗在社会总能耗中占有很大的比例：对于西方发达国家，建筑能耗占社会总能耗的30%～50%；我国建筑能耗目前已占社会总能耗的30%左右，随着人们生活质量的改善，居住舒适度要求的提高，建筑能耗所占比例还将不断上升，并有逐步提高到35%的趋势。因此，减少建筑能耗对解决能源问题起着举足轻重的作用。

7.1 能源分类

能源是指可以直接获取能量源或经过加工转为可以获取能源能量的各种资源。在自然界天然存在的、可以直接获得而不改变其基本形态的能源称为一次能源，包括煤炭、原油、天然气、煤层气、水能、核能、风能、太阳能、地热能、生物质能等。

一次能源又分为可再生能源和不可再生能源，前者指能够重复产生的天然能源，如太阳能、风能、水能、生物质能等，这些能源均来自太阳，可以重复产生；后者用一点少一点，主要是各类化石燃料、核燃料。20世纪70年代出现能源危机以来，各国都重视非可再生能源的节约，并加速对再生能源的研究与开发。

二次能源是指由一次能源经过加工转换以后得到的能源，包括电能、汽油、柴油、液化石油气和氢能等。二次能源又可以分为"过程性能源"和"含能体能源"，电能就是应用最广的过程性能源，而汽油和柴油是目前应用最广的含能体能源。二次能源亦可解释为自一次能源中，再被使用的能源，例如将煤燃烧产生蒸气能推动发电机，所产生的电能即可称为二次能源。或者电能被利用后，经由电风扇，再转化成风能，这时风能亦可称为二次能源，二次能源与一次能源间必定有一定程度的损耗。二次能源和一次能源不同，它不是直接取自自然界，只能由一次能源加工转换以后得到，因此严格地说它不是"能源"，而应称之为"二次能"。

那么在建筑中常用的能源种类有哪些，它们又是以什么形式被利用的呢？建筑能源应用大家已有生活体验，本章集中介绍一些大家耳熟能详的或今后将逐渐熟悉的常识。

7.2 电能应用

电能因其便捷性在建筑中被最为广泛地应用。电力是以电能作为动力的能源。发明于

19世纪70年代的电力，掀起了第二次工业化高潮。20世纪出现的大规模电力系统是人类工程科学史上最重要的成就之一，它由发电、输电、变电、配电和用电等环节组成的电力生产与消费系统。它将自然界的一次能源通过发电动力装置转化成电力，再经输电、变电和配电将电力供应到各用户。在建筑中电力能源的应用主要是照明、建筑设备和动力设施等三个方面。

7.2.1 照明耗电

现代建筑照明随处可见，是建筑中最基本的需求。建筑可以不设卫生间，不装空调，但不能没有照明，哪怕使用油灯或蜡烛。现代建筑，已经把照明当成凸显建筑或城市的个性，彰显建筑的魅力的工具，如图7-1和图7-2所示。然而照明的最根本作用是满足人们生活生产的要求，如图7-3和图7-4所示的商场室内照明和客厅的室内照明。照明是利用各种光源照亮工作和生活场所的措施，近代照明光源主要采用电光源（即将电能转换为光能的光源），一般分为热辐射光源（如白炽灯、卤钨灯等）、气体放电光源［如荧光灯、高压汞灯、高（低）压钠灯、金属卤化物灯和氙灯等］和半导体光源三大类（如LED灯）。对于小型普通建筑，照明能耗所占比例很高。

图 7-1　鸟巢夜间照明

图 7-2　海边夜间照明

图 7-3　商场照明

图 7-4　居住照明

7.2.2 设备耗电

建筑中有大量家用和办公设备，都是应用电能驱动的，主要分为机电设备、电热设备和电子信息设备。由电动机带动的设备，统称为机电设备，如风扇、家用空调（图7-5）、吸尘器（图7-6）等；利用电的热效应原理制成的设备称为电热设备，如电饭煲、电磁炉等；电子信息设备是指这些设备的作用不仅是将电能转换成机械能、热能，更重要的是利用电能传递信息，如电视机、电脑（图7-7）、打印机（图7-8）等。

图 7-5　家用空调

图 7-6　吸尘器

图 7-7　电脑

图 7-8　打印机

7.2.3　动力设备耗电

动力设备主要是指以三相电的使用为主、依靠电动机进行传动的耗能设备。建筑中常用的动力设备有电梯（图7-9）、集中空调机组（图7-10）、集中空调的冷凝器和冷水机组（图7-11）、水泵（图7-12）等。

图 7-9　电梯

电能是建筑主要消耗的能源，在建筑使用中是必不可少的，且在许多时候是不可替代的能源。建筑环境与能源应用工程专业在以后的学习中将会逐步了解建筑照明的设计、建筑电气负荷计算、电路系统设计以及建筑防雷避雷等方面的知识。

图 7-10　集中空调的冷凝器和冷水机组

图 7-11　集中空调的冷凝器和冷水机组

图 7-12　水泵

7.3　燃气能源应用

燃气是建筑中除电力以外应用最多的能源，应用方向主要为供暖、热水供应、炊事以及空调制冷等。

7.3.1　燃气供暖

供暖可以分为分散式供暖和集中式供暖。分散式供暖多使用燃气壁挂式供暖炉。燃气壁挂炉具有强大的家庭中央供暖功能，能满足多居室的供暖需求，各个房间能够根据需求

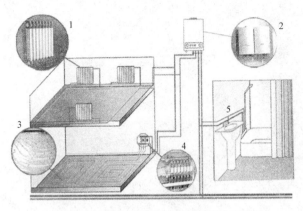

图 7-13 燃气壁挂供暖炉的分散式供暖原理图
1—散热器；2—燃气壁挂炉；3—地板辐射采暖；
4—分集水器；5—生活用水

随意设定舒适温度，也可根据需要决定某个房间单独关闭供暖，并且能够提供大流量恒温卫生热水，供家庭沐浴、厨房等场所使用，如图7-13所示。它具有防冻保护、防干烧保护、意外熄火保护、温度过高保护、水泵防抱死保护等多种安全保护措施。可以外接室内温度控制器，以实现个性化温度调节和达到节能的目的。

对于集中式燃气供暖主要使用燃气锅炉，包括燃气热水锅炉、燃气蒸汽锅炉等，燃气锅炉分为立式燃气锅炉和卧室燃气锅炉，如图7-14所示。燃气锅炉是集中供暖的热源，产生中高温热水或者高温蒸汽，通过供热管网进入室内进行制热。

图 7-14 立式燃气锅炉和卧式燃气锅炉

7.3.2 燃气空调制冷

燃气空调制冷应用方式主要分为三种：一是利用天然气燃烧产生热量的吸收式冷热水机组，主要是燃气直燃机；二是利用天然气发动机驱动的压缩式制冷机，主要是燃气家用空调；三是利用天然气燃烧余热的除湿冷却式空调机。当前以水-溴化锂为工质对的直燃型溴化锂吸收式冷热水机组应用较为广泛。

燃气直燃机是采用可燃气体直接燃烧，提供制冷、供暖和卫生热水。直燃机是用天然气、柴油等燃料作燃料能源的，目前广泛使用的直燃机大多使用天然气作燃料。直燃机包括高温发生器、低温发生器、蒸发器等。直燃机以及其他溴化锂制冷机其制冷原理：水在真空环境下大量蒸发带走空调系统的热量，溴化锂溶液将水蒸气吸收，将水蒸气中的热量传递给冷却水释放到大气中去，将变稀了的溶液加温浓缩，分离出的水再次蒸发，浓溶液再次吸收，使制冷循环进行。其制热原理采用"分隔式供热"，使直燃机供热变得十分简单：燃烧的火焰加热溴化锂溶液，溶液产生的水蒸气将换热管内的供暖温水、卫生热水加热，凝结水流回溶液中，再次被加热，如此循环，其原理图如图7-15所示。

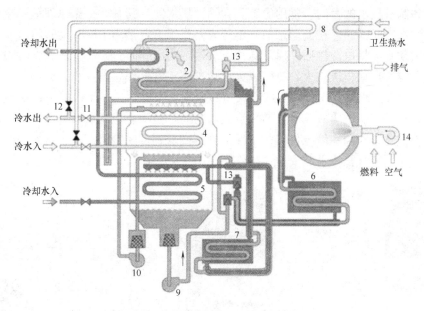

图 7-15　直燃机制冷＋生活用水系统图

1—高温发生器；2—低温发生器；3—冷凝器；4—蒸发器；5—吸收器；6—高温热交换器；
7—低温热交换器；8—热水器；9—溶液泵；10—冷剂泵；11—冷水阀（开）；
12—温水阀（关）；13—冷热切换阀（开）；14—燃烧机

7.3.3　燃气炊事以及热水供应

燃气炊事主要利用燃气灶，所谓燃气灶，是指以液化石油气、人工煤气、天然气等气体燃料进行直火加热的厨房用具。燃气灶又叫炉盘，其大众化程度无人不知。图 7-16～图 7-18 是几种常见的燃气灶。

图 7-16　单眼灶

图 7-17　燃气电饭煲

图 7-18　双眼灶

燃气热水供应以燃气作为燃料，通过燃烧加热方式将热量传递到流经热交换器的冷水

111

中，以达到制备热水的目的。常用的工具为燃气热水器，其基本工作原理是：冷水进入热水器，流经水气联动阀体在流动水的一定压力差作用下，推动水气联动阀门，并同时推动直流电源微动开关将电源接通并启动脉冲点火器，与此同时打开燃气输气电磁阀门，通过脉冲点火器继续自动再次点火，直到点火成功进入正常工作状态为止，此过程约连续维持5～10s，当燃气热水器在工作过程或点火过程出现缺水或水压不足、缺电、缺燃气、热水温度过高、意外吹熄火等故障时，脉冲点火器将通过检测感应针反馈的信号，自动切断电源，燃气输气电磁阀门在缺电供给的情况下立刻回复到常闭阀状态，也就是说此时已切断燃气通路，关闭燃气热水器起安全保护作用。图 7-19 为燃气炉的内部构造图。

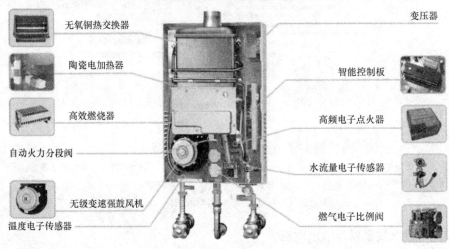

图 7-19　燃气炉的内部构造图

燃气是一种清洁能源，其燃烧较为完全，可以减少二氧化硫和粉尘等有害物质的排放，有助于减少酸雨的形成，减缓地球温室效应。建筑环境与能源应用工程专业在今后的学习中，将深入了解有关方面的知识。

7.4　清洁能源应用

随着煤、石油等化石能源的逐渐枯竭以及环境问题的日益突出，以环保和可再生为特质的替代能源越来越得到各国的重视。我们把这样的替代能源成为新能源，包括太阳能、生物质能、水能、风能、地热能、波浪能、洋流能和潮汐能，以及海洋表面与深层之间的热循环等。此外，还有氢能、沼气、酒精、甲醇等，而已经广泛利用的煤炭、石油、天然气等能源，称为常规能源。我国可以形成产业的新能源主要包括风能、生物质能、太阳能、地热能等，是可循环利用的清洁能源。

7.4.1　太阳能

太阳能一般是指太阳光的辐射能量，太阳能的利用有光热转换和光电转换两种方式。在建筑中主要表现在以下四个方面：太阳能热水系统、太阳能吸收式制冷（热）系统、被动式太阳能建筑和光伏建筑一体化系统。

1. 太阳能热水系统

按结构形式可分为真空管式太阳能热水器和平板式太阳能热水器，以真空管式太阳能热水器为主，占据国内95％的市场份额，图7-20所示为真空管式太阳能热水器和其基本原理图。图7-21为平板式太阳能热水器在建筑中的应用和其构造图。

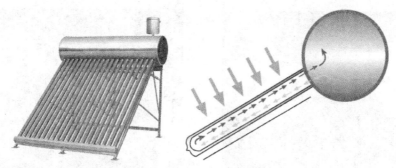

图7-20　真空管式太阳能热水器和基本原理图

图7-21　平板式太阳能热水器及其构造图

　　太阳能集热器与建筑一体化不完全是简单的形式观念，关键是要改变现有建筑内在运行系统，吸取技术美学的手法、体现各类建筑的特点，强调可识别性，利用太阳能构件为建筑增加美学趣味。目前，太阳能热水器与建筑一体化常见的做法是将太阳能集热器与南向坡屋顶一体化安装（图7-22）。图7-23所示是利用钢结构构件实现与建筑一体化，层次感强，同时又起遮阳的作用。

图7-22　太阳能集热器安装在坡屋面图

图7-23　太阳能集热器通过钢结构与建筑一体化

　　安装在屋面的太阳能集热器存在着连接管道较长、热损失较大以及维护困难等缺点，尤其是高层建筑，有限的屋面面积很难满足用户的热水需求。为了克服这一切缺点，在南立面布置太阳能集热器，形成韵律感的立体立面，包括外墙式，阳台式（图7-24、图7-25）。

图7-24　太阳能集热器与南面墙体一体化

图7-25　太阳能集热器与南阳台的一体化

2. 太阳能吸收式制冷（热）系统

太阳能空调一般通过太阳能集热器与除湿装置、热泵、吸收式制冷或吸附式制冷机组相结合实现。在太阳能空调系统中，太阳能集热器用于再生器、蒸发器、发生器或吸附床所需要的热源，因而，为了使制冷机达到较高的性能系数（COP），应当有较高的集热器运行温度，这对太阳能集热器的要求比较高，通常选用在较高运行温度下仍具有较高热效率的集热器，图7-26为太阳能吸收式制冷供暖的原理图。

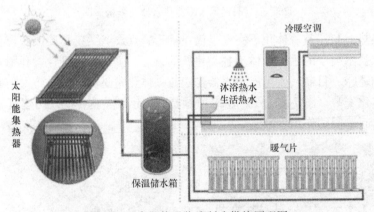

图7-26　太阳能吸收式制冷供热原理图

"十一五"期间，天普示范楼实施了太阳能溴化锂吸收式空调项目，建设一套采光面积为812m² 的太阳能集热系统，系统的布置不仅可以满足太阳能集热器的安装要求，又能够保证新能源大楼造型美观、新颖别致，充分体现出太阳能—建筑一体化的特色（图7-27）。空调制冷采用一台200kW的单级溴化锂吸收式制冷机组，设计工况下热源温度为75～90℃，冷冻水温度为12～25℃。实验结果表明，太阳能制冷机组的制冷能力最高达到288kW，运行中热力COP最高达到0.8以上，在高效真空管集热器配合下，系统总的制冷效率可达0.20～0.30。

3. 被动式太阳能建筑

图 7-27　北京天普太阳能示范楼

被动式太阳能建筑利用的物理原理是温室效应。温室效应就是波长较短的太阳辐射能顺利透过玻璃和某些透明材料而波长较长的热辐射被阻挡或吸收的现象。因此，可以用玻璃等透明材料为顶，做成温室，让属于短波辐射的太阳光透过而阻挡室内的长波辐射，这样进入室内的能量就大于向室外散发的能量，室内温度也就大于室外温度，图 7-28 为太阳能房冬天供热和夏天通风的原理图。图 7-29 和图 7-30 为两座太阳能房建筑。

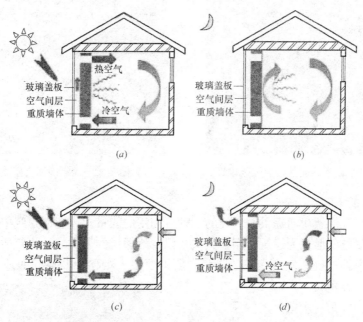

图 7-28　冬天供热和夏天通风的原理图
(*a*) 冬季白天；(*b*) 冬季夜间；(*c*) 夏季白天；(*d*) 夏季夜间

4. 光伏建筑一体化系统

光伏建筑一体化（BIPV）系统是应用光伏发电的一种新概念，是太阳能光伏系统与现代化建筑的完美结合。建筑设计中，在建筑结构外表面铺设光伏组件提供电能，将太阳能发电系统与屋顶、天窗、幕墙等融为一体，从而提升了建筑的绿色环保内涵。

荷兰第一个采用 PV 作为防水屋面盖板的零能耗建筑 Woubrugge，PV 系统于 1993

年建在一个大的独立住宅上，建筑能量实现自维持，PV和太阳能热利用负担全年能耗。无框PV模块固定在铸铝支架上，形成屋面防水层，如图7-31所示。

图 7-29　英国 Integer 绿色住宅示范房

图 7-30　马来西亚太阳能房屋

我国深圳国际园林花园花卉博览会安装了1MW太阳能光伏并网发电系统，采用4000个单晶硅及多晶硅光伏组件（160W和170W组件），将太阳能转为电能，并与深圳电网并网运行，如图7-32所示。

图 7-31　荷兰 PV 防水屋面盖板的零能建筑

图 7-32　深圳园博会屋顶光伏系统

7.4.2　风能

风能是因空气流做功而提供给人类的一种可利用的能量。风能在建筑中的使用主要通过风力发电，以电的形式为建筑所用，其次是以自然通风的形式减少建筑的热负荷。而风力发电时，风力发电机会发出庞大的噪声，所以要找人烟稀少及空旷的地方来兴建。图7-33所示为风力发电机。

巴林世贸中心第一次把巨大的风力发电和摩天大厦结合起来。三个巨大的涡轮机，每个直径长达29m。由设计师按照独特的空气动力学安装在三个高架桥中。每次工作，这三个巨大的螺旋桨大约能给大楼提供11%～15%的电力，或者1100～1300kWh/年，足够给300个家庭用户提供1年的照明电，如图7-34所示。

图 7-33　风力发电机

图 7-34　巴林世贸中心风力发电

7.4.3　地热能

地热能是蕴含在地壳中的天然热能，这种能量来自地球内部的熔岩，并以热力形式存在，是引起火山爆发和地震的能量。在地球内部的温度高达 6000℃，熔岩涌至地面 1～5km 的地壳，透过地下水的流动热力得以传送至较为接近地面的地方形成可供采集的地热资源，但不是所有地方都有地热资源可供利用。

地源热泵是一种利用浅层地热能源（包括地下水、土壤或地表水等的能量），既可供热又可制冷的高效节能系统。地源热泵通过输入少量的高品位能源（如电能），实现由低品位热能向高品位热能转移。一般在空调系统中，地能分别在冬季作为热泵供热的热源和夏季制冷的冷源，即在冬季，把地能中的热量取出来，提高温度后，供给室内供暖；夏季，把室内的热量取出来，释放到地能中去，如图 7-35 和图 7-36 所示。常见的埋管方式有水平埋管和垂直埋管两种（图 7-37 和图 7-38），但地下埋管系统初投资较大。

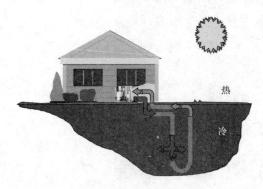

图 7-35　地源热泵夏季工况　　　　　　图 7-36　地源热泵冬季工况

图 7-37　地源热泵垂直埋管系统图

图 7-38　地源热泵水平埋管系统图

图 7-39　摩玛城住宅小区

成都市摩玛城住宅小区，占地 38 亩，总建筑面积 16 万 m²，采用地源热泵系统，使室内温度常年保持在 20～26℃ 之间，湿度在 40%～60% 之间。摩玛城住宅小区为国家可再生能源示范项目，如图 7-39 所示。

7.4.4　生物质能

生物质能是太阳能以化学能形式贮存在生物质中的能量形式，即以生物质为载体的能量。它直接或间接地来源于绿色植物的光合作用，可转化为常规的固态、液态和气态燃料，取之不尽、用之不竭，是一种可再生能源，同时也是唯一一种可再生的碳源。依据来源的不同，可以将适合于能源利用的生物质分为林业资源、农业资源、生活污水和工业有机废水、城市固体废物和畜禽粪便五大类。目前对于生物质能的利用技术主要为直接燃烧、生物质气化、液体生物燃料、沼气、生物制氢、生物质发电以及原电池等。目前生物质在建筑中使用技术主要为沼气和生物质发电，以电的形式供给建筑，部分农村地区使用沼气炊事、照明，如图 7-40 所示。

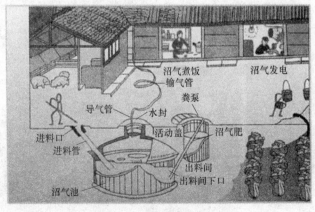

图 7-40　小型沼气利用图

安徽省大唐生物质电厂拥有两台1.5万kW生物质能发电机组，充分利用周边地区生物质燃料，每年向电网输送1亿多千瓦时的优质、清洁电能。每年燃烧的生物质燃料给当地农民增加收入6000万元左右，减少棉秸秆等生物质能源浪费约22万t，可替代标准煤10万t左右，减排二氧化碳8万t，获得了良好的社会效益，如图7-41所示。

内蒙古乌海市生活垃圾处理厂总投资0.36亿元，年处理量生活垃圾20.07万t，粪便3.65万t，污泥3.5万t。产气量160万m^3；回收利用物质：塑料20万t，金属91t，玻璃182t，生产颗粒有机肥1万t，液态有机肥2万t；年减排二氧化碳约1.7万t，为解决城市垃圾围城提供一种新的途径，如图7-42所示。

图7-41 安徽省大唐生物质发电厂

图7-42 内蒙古乌海市生活垃圾处理厂

7.4.5 水能利用

对于绝大部分建筑是较难直接应用水能资源的。但对于西部水能资源比较丰富的偏远地区，水力可以用于生产生活，如古老的水磨、水车，现代的小水电就近提供照明、电热水器、电炊具用能。

水能是一种可再生能源，是清洁绿色能源，是指水体的动能、势能和压力能等能量资源。水能主要用于水力发电。水力发电将水的势能和动能转换成电能。以水力发电的工厂称为水力发电厂，简称水电厂，又称水电站。水力发电的优点是成本低、可连续再生、无污染。缺点是分布受水文、气候、地貌等自然条件的限制大。水容易受到污染，也容易被地形、气候等多方面的因素所影响，国家还在研究如何更好地利用水能。

目前，三峡工程是中国、也是世界上最大的水利枢纽工程，是治理和开发长江的关键性骨干工程，具有防洪、发电、航运等综合效益，总装机容量1820万kW，年发电量846.8亿kWh。电站采用坝后式布置方案，设计安装26台70万kW的发电机组，其中，左岸电站14台、右岸电站12台。三峡工程正常蓄水至175m时，三峡大坝前形成一个世界上最大的水库淹没区，从而形成库容为393亿m^3的河道型水库，如图7-43所示。

伊泰普大坝建在流经巴西和巴拉圭两国之间的巴拉那河上，全长7744m，高196m。大坝于1975年10月开始建造，直到1982年才竣工，共耗资200亿美元。大坝坝后的水库沿河延伸达161km，形成深250m、面积达1350km²、总蓄水量为290亿m^3的人工湖。自1990年改进以后，伊泰普水电站18台水轮机组发电量高达1260万kWh，年发电量710亿kWh，如图7-44所示。值得一提的是，水力是一种很好的可再生能源，但由于需建拦水大坝，对河流生态还是有一定负面影响的。

图 7-43　三峡水电站

图 7-44　伊泰普水电站

新能源的利用可以很好的缓解目前能源危机和环境问题，如何高效使用新能源将成为未来主要研究方向。但它取决于当地资源条件的限制、初投资等多方面因素。

7.5　建筑节能技术

新能源的利用从源头上缓解了能源危机问题（开源），但解决建筑能源供需矛盾还需要降低建筑能源的消耗量，即所谓的"节流"。建筑节能有两个主要途径：一是从建筑本体采取措施，即前面已经介绍过的被动式建筑设计方法（既可改善室内环境又可节能）；二是对供能设备及系统采取措施，提高设备用能效率、减少能源损失，即所谓的主动式节能。本节介绍几个有代表性的工程案例。

7.5.1　自然通风技术

自然通风的节能原理在前面已有提及，这里不再赘述。

图 7-45 所示为瓦努阿图国家会议中心。瓦努阿图气候温和湿润，属于典型的低纬度海洋性气候，设计尤其注重利用考虑海洋性气候条件下海陆风的昼夜变化特点，增强自然通风效果，营造健康舒适的室内环境。图 7-46 为瓦努阿图国家会议中心昼夜通风示意图，合理的气流组织保证建筑全天候的通风效率。

7.5.2　建筑围护结构节能技术

建筑围护结构节能是建筑节能的重要组成部分。围护结构是指建筑物及房间各面的围护物，分为不透明和透明两种类型：不透明围护结构有墙体、屋面等；透明围护结构有窗户、阳台门、玻璃幕墙等；

图 7-45　瓦努阿图国家会议中心

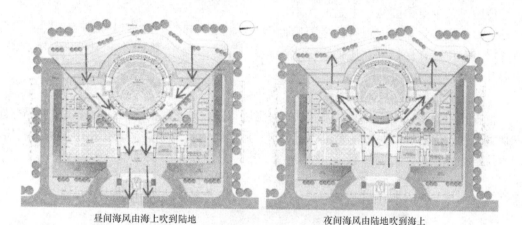

昼间海风由海上吹到陆地　　　　　　　　　夜间海风由陆地吹到海上

图 7-46　瓦努阿图国家会议中心昼夜通风示意图

1. 墙体的保温隔热技术

墙体保温隔热技术可分为墙体复合保温隔热技术和墙体自保温隔热技术两大类。墙体复合保温隔热技术是指由不同墙材组成的主墙体与不同类型保温系统复合构成的墙体保温隔热技术。按保温系统在主墙体上的复合位置的不同，分为墙体外保温系统、墙体内保温系统、墙体内外保温系统和墙体夹心保温系统复合保温隔热技术。图 7-47 分别为外墙外保温结构和墙体内保温结构。

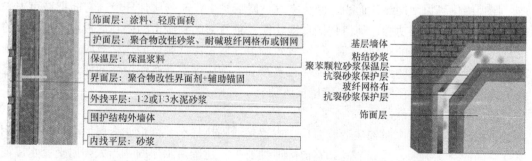

图 7-47　聚苯颗粒浆料外墙外保温结构和墙体内保温系统复合保温隔热技术构造

墙体自保温隔热技术是指由自保温墙材组成的主墙体与其两侧抹面层和饰面层构成的墙体热工性能，符合建筑所在地区建筑节能设计标准的墙体自保温隔热技术。按自保温墙材类型的不同，分为加气混凝土砌块墙体自保温隔热技术、烧结自保温砖或砌块墙体自保温隔热技术、自保温混凝土复合砌块墙体自保温隔热技术和自保温复合墙板墙体自保温隔热技术等。图7-48为墙体自保温构造示意图

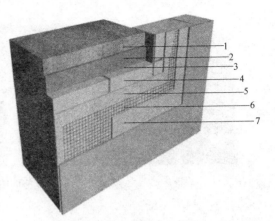

2. 屋顶保温隔热技术

屋顶作为一种建筑物外围护结构，所造成的室内外温差传热耗能量大于任何一面外墙或地面的耗热量。因此，提高建筑屋面的保温隔热能力，能有效地抵御室外热量传递，减少空调能耗，也是改善室内热环境的一个有效途径。现有的主要屋面节能措施有倒置式保温隔热屋面、绿化屋面和其他类型节能屋面三种。

图7-48　墙体自保温构造示意图

1—混凝土柱；2—聚合物砂浆；3—砌块粘结剂；
4—自保温砌块；5—砌块抹面胶浆；
6—耐碱玻纤网格布；7—砌块抹面胶浆

（1）倒置式保温隔热屋面体系。

倒置式屋面就是将传统屋面构造中的保温层布置在防水层的上面。倒置式屋面隔热性能优良，施工简易、工期短、无需特别要求，屋面结构负荷小，耐老化，屋顶可再利用，防水层维护方便，如图7-49所示。

图7-49　倒铺保温屋面用砾石作保护

（2）绿化屋面

屋顶绿化可以增加绿化面积、净化空气、降低扬尘、改善居住环境。它能把城市失去的土地功能、水循环功能、动植物栖息地功能，重新回归到城市的中心地带，减少城市的视觉污染、改善市民的居住环境，可以有效调节气候、降低城市的热岛效应。此外，由于屋顶绿化对周围气候的调节，它还能够在夏季和冬季减少空调机所消耗的能量，间接地起到节约能源的作用，图7-50为建筑植被屋顶。

（3）其他类型节能屋顶

采用轻钢屋架或木屋架建造坡屋顶，内置保温隔热材料，铺设非金属屋面材料，利用屋顶空间的空气流通，达到节能和室内舒适性要求。建造蓄水屋面，当太阳射至蓄水屋面时，由于水面的反射作用而减少了辐射热。投射到水层的辐射热，其含热较多的长波部分被水吸收，加热水层。由于水的热容量较空气大很多，水层增加的温度较小，减弱屋面的传热量，是一种较好的隔热措施和改善屋面热工性能的有效途径，如图7-51所示。

3. 门窗节能技术

图 7-50　植被屋顶建筑

建筑门窗为建筑物保温性能较薄弱的部位，直接影响到建筑的节能情况，提高门窗的保温隔热性能是降低建筑长期能耗的重要途径之一。

（1）门窗节能技术

门窗的节能主要以使用节能门窗为主，辅以遮阳和幕墙等技术措施。夏热冬冷地区节能门窗材料主要有中空玻璃（图 7-52）、Low-E 中空玻璃（图 7-53）、充惰性气体的 Low-E 中空

图 7-51　蓄水屋面

玻璃、自洁玻璃等。为提高外窗的热工性能，宜采用充填惰性气体的中空玻璃或特种玻璃，如 Low-E 玻璃、真空玻璃、热反射镀膜玻璃等。冬季，Low-E 玻璃可以将室内散热器散发的热辐射反射回来，保证室内热量不向室外散失，从而节约取暖费用。夏季，Low-E 玻璃可以阻止室外地面、建筑物发出的热辐射进入室内，节约空调制冷费用。

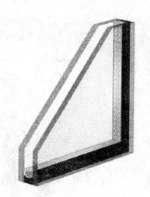

图 7-52　中空玻璃及其隔条

（2）遮阳技术

夏季太阳辐射透过玻璃照射到室内，使大量的热量传递到室内并使室内温度升高。采用有效的技术手段遮阳，可大幅度降低空调能耗，或者不开空调即可得到舒适的室内热环境。冬季可以调节遮阳装置，使阳光进入室内。有的遮阳产品在冬季的夜晚还可以启动保

图 7-53　Low-E 玻璃

温作用。外遮阳可以通过外围护结构设计外挑阳台或遮阳构建实现，也可以安装可调节遮阳装置，如可移动遮阳板、织物或金属卷帘，安装中间夹带活动百页的外窗等，如图 7-54 和图 7-55 所示。

（3）幕墙技术

采用全玻璃幕墙会大大增加建筑能耗，应尽量避免。近年来，我国引进了欧洲先进的呼吸式幕墙的设计理念和方法，并在一些高档建筑中采用。呼吸式幕墙即为双层幕墙，双层幕墙之间形成空气夹层，通过在幕墙的不同位置开口，形成自然通风，或安装通风设备实现机械通风，从而使幕墙起到保温隔热的作用，如图 7-56 所示。

图 7-54　室内遮阳百页

图 7-55　室外遮阳百页

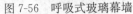

图 7-56　呼吸式玻璃幕墙

7.5.3　自然采光技术

自然采光技术通过引入地面上自然光线进入室内，不仅仅减少建筑的照明负荷，同时由于人们绝大多数时间是在自然采光环境下生活，使得人类对自然光具有与生俱来的适应感和亲近感，提高人的舒适度。图 7-57 为速滑馆采光的效果图。图 7-58 为商场天顶自然采光的室内效果图。

图 7-57 速滑馆自然采光效果图

图 7-58 商场天顶自然采光室内效果图

7.5.4 建筑余热回收技术

建筑中有可能回收的热量有排风热（冷）、内区热量、冷凝器排热量等。当排风与新风之间只存在显热交换时，称为显热回收；当它既存在显热交换也存在潜热交换时，称为全热回收。常规空调系统通过冷却塔或直接将制冷过程中的冷凝热量排到室外空气中。目前冷凝热回收方案主要有冷却水热回收和排气热回收。建筑物内区无外围护结构，四季无外围护结构冷热负荷。内区的人员、灯光、发热设备等形成全年余热。在冬季，建筑物外区需要供热而内区需要供冷。图 7-59 为建筑排风的原理图，图 7-60 为空调排风新风余热（冷）交换原理图。

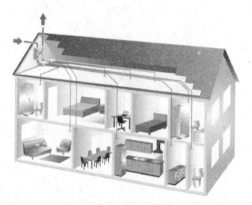

图 7-59 排风热回收系统图和原理图

图 7-60 空调排风新风余热（冷）交换原理图

7.5.5 温湿度独立控制空调

温湿度独立控制的空调系统中，采用温度与湿度两套独立控制的空调系统，将干燥的新风送入房间控制湿度，而由高温冷源产生 16～18℃ 的冷水送入室内的风机盘管、辐射板等显热去除末端，带走房间显热，控制房间温度。可以满足不同房间热湿比不断变化的要求，从而避免了热湿联合处理所带来的损失，且可以同时满足温、湿度参数的要求，避免了室内湿度过高（低）的现象。温湿度独立控制空调系统在冷源制备、新风处理等过程中比传统的空调系统具有较大的节能潜力。实践表明，这种空调系统比常规空调系统节能 30% 左右，如图 7-61 所示。

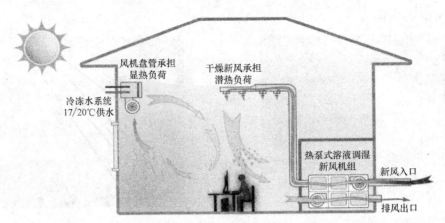

图 7-61　温湿独立控制空调系统示意图

思 考 题

1. 建筑中应用的常规能源有哪些?

2. 建筑中电能应用有哪些地方?

3. 建筑中燃气应用一般在哪些地方?

4. 建筑中有哪些可再生能源应用,它们各自有何优缺点?

5. 请列举 3~5 个被动式建筑节能技术。

6. 请列举 3~5 个主动式建筑节能技术。

第 8 章　建筑能源规划

城市是排放最主要的来源。我国有 600 多个城市，对其中 287 个地级以上市进行统计，城市的能耗占中国总能耗的 55.48%，二氧化碳排放量占中国总排放量的 58.84%。近 300 个城市就占到能耗和碳排放总量的一半以上，如果把其余的城市、集镇都加进来，至少要占到社会总能耗的 80% 以上。同时中国城镇既有建筑约 400 亿 m²，并且还在以每年 20 亿 m² 的速度增加，如果在修建时缺乏必要的能源规划和节能设计，我国的能源和环境问题将加速恶化。

建筑区域能源系统应作为城市基础设施的一部分，是为了满足城市建筑的用能需求，电力、燃气、可再生能源等能源经过城市内的输配系统、转换设备和最终使用环节的末端设备组成的系统，如图 8-1 所示。因此，建筑区域能源系统是城市建筑的能源"血脉"和生命线，从城市层面上进行区域能源规划具有十分重要的意义。如果把建筑单体看成微观技术的"硬节能"，对建筑群体进行能源规划则是宏观意义上的"软节能"，是解决目前能源问题的必然选择。

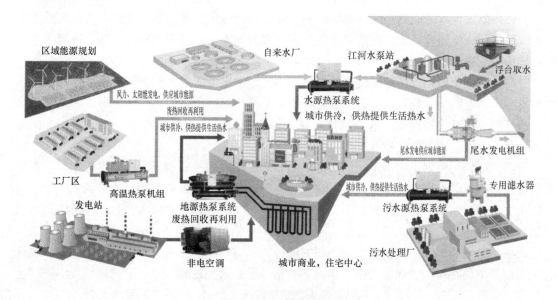

图 8-1　区域建筑能源规划示意图

8.1　区域能源规划的基本原理

建筑城市（区域）能源分为广义和狭义两种形式，前者指城市（区域）消耗的所有能源，包括工业用能和交通用能，后者指直接与建筑有关的能源，主要指供给建筑群的电、热和冷。这里所说的区域能源规划主要指的是后者。

传统能源规划方法是通过不断扩大供应侧的能力来满足日益增长的需求，在供应侧垄断，根据不准确的信息和供应侧单方利益进行能源规划，不断扩大供应，增加收益；而在需求侧进行管制，不允许用户自行采用分布式能源等直接的节能设施，由于没有直接的经济利益，用户端节能积极性不高。联合国环境计划署（UNEP）基于需求侧管理理论提出综合资源规划方法（Integrated Resource Planning，IRP），其核心是改变过去单纯以增加资源供给来满足日益增长的需求，将提高需求侧的能源利用率从而节约的资源统一作为一种替代资源。

区域建筑能源规划的基础是需求侧节能和能源需求的降低，其规划原则如下：

（1）层次化原则。如图 8-2 所示，它的基本层次是把节能和降低需求作为最主要的减碳措施。这表明，新建社区如果仅仅遵循国家节能设计标准，或仅仅采用一两项新能源技术是远远不够的。它的第二个层次是利用余热和废热，尤其是工业园区中，甲工厂排出的废热，可能就是乙工厂的热源，可以实现热能的梯级利用；区域冷热电联供本质上也是发电余热的利用。显然，这两个基础层次还是基于化石能源的。我国的国情决定了在短时期内不可能彻底改变能源结构，必须立足于提高能效和降低化石能源的消耗。区域建筑能源规划的第三个层次是利用可再生和低品位热源，如浅层地热能、地表水、污水、低温的工业余热、地铁和电缆沟排热、太阳能热水等。区域建筑能源规划的最后一个层次是利用可再生电力，即光伏发电、风力发电和小规模的太阳能热发电。

（2）以人为本的原则。即能源规划的目的是满足合理需求，建筑能源规划更是要满足人（居住者，使用者）的合理需求，应将为大多数人提供最基本的、能够维持健康的生活环境作为规划的主要目的。

（3）减量化原则。即低碳城市的单位碳排放量必定低于某一基准值。碳减排的计量必须有一个约定的基准线，这一基准线是在历史上某一时间节点的实际排放量，未来减排目标必须低于基准线。因此，这一减排量必须是设计量，必须是可测量、可报告和可核查的，是在存量基础上的实质性减少。

（4）市场化原则。应用不同的市场机制会产生不同的规划和不同的系统配置。由于规划者根深蒂固的计划经济理念，将用户视为弱势群体，不管服务好坏、价格高低，靠一些红头文件，限制用户的选择权。而在系统配置上，高估冒算，贪大求全，想方设法将系统运行的亏损转嫁给用户。另一方面，用户习惯了计划经济体制下"包烧制"的价格优惠。在市场化机制下，不同的投资人、不同的产权关系，系统配置也会有所不同。在区域建筑能源规划中，必须用"双赢"或"多赢"的指导思想做规划。

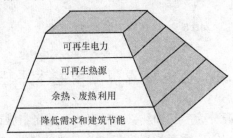

图 8-2　建筑能源规划层次原则

8.2 区域集中供冷技术

8.2.1 区域供冷概述

1. 区域供冷的概念

区域供冷（District Cooling System，DCS）是指对一定区域内的建筑物群，由一个或多个功能站制得冷水等冷媒，通过区域管网提供给最终用户，实现用户制冷要求的系统，如图8-3所示。

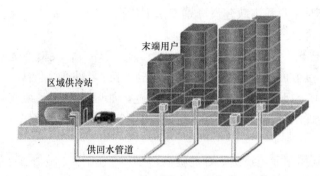

图8-3 区域供冷示意图

2. 区域供冷的组成

典型的区域供冷系统主要有以下三部分组成，其原理如图8-4所示。

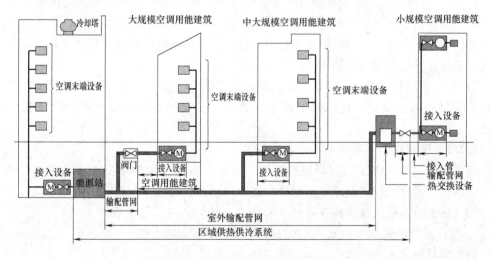

图8-4 区域供冷（热）系统的原理

（1）中心冷冻水制造工厂/能源中心

最常见的做法是在中心冷冻水制造工厂内设置数台大型制冷机，发电装置和蓄冷设备，通常蓄冷设备可以使得区域供冷系统的初投资和运行费用有一定的降低。区域供冷系统输送的冷媒为冷冻水，但如果在能源中心内的机组是由冷却塔或者热交换设备组成时，输送的冷媒为冷却水。

（2）冷冻水/冷却水输配系统

通常将冷冻水/冷却水配水管道置于地底，并在公路或指定的公用设施专用范围内设置。这部分系统通常是区域供冷系统中初投资最高的一部分，因此需要在设计时进行管网优化考虑。

（3）与用户端的连接

每幢用户大厦须设有一个换热站，以便将区域供冷系统的冷冻水管接至大厦。换热站内安装热交换器，以便将大厦内的热力从大厦的空调系统传送到区域供冷系统，使大厦内部保持凉快。换热站内设有热量表量度能源的耗用量。

3. 区域供冷的优势

区域供冷系统对用户和市政建设分别有如下优点：

（1）对用户而言：

1）在多数情况下，省去了在建筑物内建冷却塔的环节，大厦亦无需预留资金更换制冷机，在增加冷冻量方面所受限制较少，而所需贮存的零件亦会较少。

2）减少了由于冷却塔带来的环境和维护问题，如区域供冷系统使大厦业主或管理公司得以精简大厦管理队伍，使得用户的维护费用得到降低，还可降低由于维护不当引起军团病的几率。

3）建筑空间利用率和建筑美观性的提高。

4）增加了用户端的系统可靠性。

（2）对市政建设而言：

1）有促进经济发展的效果。

2）由于对冷却塔和制冷机组进行了统一管理，使得维护更加方便，与传统的中央空调系统比较，由于区域供冷系统是 24 小时运行，能更灵活地应付办公和非办公时间内冷气需求的增加。此外，中央供冷站内的电脑化能源管理系统会监察和管理向用户供应的冷冻水，确保在任何时间均有稳定的冷气供应。

3）减少了温室气体的排放量，提高能源效益能令能源消耗量减少，用于发电的化石燃料消耗量亦因而下降，这样便可减少导致全球变暖的温室气体（例如二氧化碳）的排放。

8.2.2 区域集中供冷技术

目前区域供冷（DC）或区域供冷供热（DHC）系统采用的主要冷热源形式有燃气热电冷三联供、燃气吸收式制冷、电制冷加集中冰蓄冷、结合未利用能的热泵系统等。

燃气热电冷三联供技术将在后续章节介绍。

1. 溴化锂吸收式制冷和冰蓄冷系统——以广州大学城为例

（1）项目概述

广州大学城位于广州市番禺区新造镇小谷围岛及南岸地区，总体规划面积 43.3km² （图 8-5）。空调负荷主要是 10 所高校及南北两个商业中心区，需冷装机容量为 52 万 kW，整体广州大学城的空调供应采用区域供冷系统，其整个规划能源站系统如图 8-6 所示。

广州大学城区域供冷系统共设 4 个区域供冷站，其中小谷围岛上 2 号、3 号、4 号冷站分别位于华南理工大学、商业中心北区及广州美术学院旁，1 号冷站位于南岸能源站内，冷站分布如图 8-7 所示。

区域供冷系统制冷总装机功率 37.6 万 kW，1 号冷站采用溴化锂和常规电制冷机组，

图 8-5　广州大学城效果图

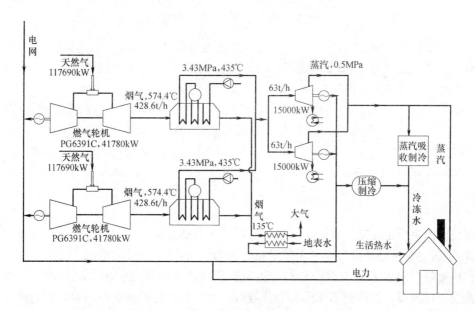

图 8-6　广州大学城区域能源站规划系统示意图

2～4 号冷站采用冰蓄冷系统，总蓄冰量达到 94.9 万 kWh，是全球第二大冰蓄冷区域供冷系统，仅次于美国芝加哥市 UNICOM 区域供冷项目（109 万 kWh）。

区域冷站生产出 2℃空调冷水，通过二级冷水管网向校区输送，经校区单体建筑热交换站进行冷量交换后，校区冷水管网把冷量送至各空调末端设备。

2 号、3 号冷站总装机功率均为 8.8 万 kW（其中主机 5.6 万 kW，冰蓄冷 3.16 万 kW），4 号冷站的总装机功率为 9.49 万 kW（其中主机 6.32 万 kW，冰蓄冷 3.16 万

图 8-7   四个区域供冷站分布图

kW）。冷站设计采用制冷主机上游，外融冰冰蓄冷空调冷源系统。该冷源系统向校区冷水管网提供供水温度为 2℃、回水温度为 13℃的空调冷水。冷水采用二级泵系统输送，二级冷水管网考虑管网沿途温升后按 10℃供回水温差进行设计。

1 号冷站位于小谷围岛南岸能源站内，总装机功率 10.5 万 kW，设计采用溴化锂双效吸收式制冷机（供/回水温度 8℃/13℃）与离心式制冷机（供/回水温度 3℃/8℃）串联，向用户提供供水温度为 3℃、回水温度为 13℃的冷源水，二级管网按 9℃供回水温差进行设计。单体建筑设热交换站，采用三级泵带动校区冷水管网循环，供冷给各末端空调用户。

（2）系统构成

区域供冷系统由冷站、管网、末端、自控共 4 大部分构成。二次冷水泵把冷站制备出 2℃的冷水通过管网输送到各大学单体建筑的末端热交换间，2℃的冷水经过末端热交换间释放出冷量后升温到 13℃再返回冷站。还设置了自动控制系统和冰蓄冷系统。自控系统通过监控冷站设备、管网和末端的参数并进行分析，自行选择最高效的运行方案。冰蓄冷系统实现了用电的削峰填谷，并有效提高了区域供冷系统的稳定性。

1）冷站

2 号、3 号、4 号冷站工艺流程和装机容量都相似，这里以 4 号冷站供冷系统为例介绍。4 号冷站选用 9 台制冷量为 7032kW 离心式冷水机组，9 台冷却塔，9 台冷却水泵，9 台乙二醇泵，9 台一次泵，2 组共 9 台二次水泵。

冷水机房设于二层，冷却塔设于三层屋面，冷却塔进/出水温度为 38℃/32℃，冷水供/回水温度为 2℃/13℃。

一层为蓄冰间，设置 4 个混凝土蓄冰槽，槽内放置蓄冰盘管，主机蓄冰工况时由二次载冷剂（乙二醇）流经蓄冰盘管将蓄冰槽内水制成冰。融冰工况时，一次冷水流经蓄冰槽内的翅片盘管将冰槽内的冰融化，制出低温冷水（1~2℃）。主机空调工况时，二次载冷剂（乙二醇）流经板式换热器与一次水热交换，制出 6℃ 的冷水。

二次冷水泵根据区域供冷的冷水管网接口条件设置，根据管网各分支流量需求，合理搭配水泵台数并采用变频调速控制流量及扬程，以适应管网负荷需求。

按设计的工艺流程，系统分为 5 种运行工况：融冰工况、制冰工况、主机工况、边融冰边制冷工况和边主机边制冰工况。系统根据负荷情况和系统状况自行决定运行工况，并自动投入相关设备，参见图 8-8。

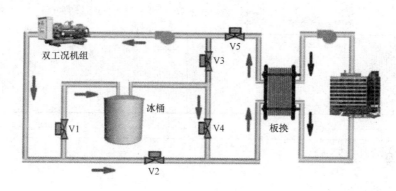

图 8-8　冰蓄冷工艺流程图

2）管网

冷站制备出来的冷水由二级水泵通过管网输送到各用户。校区单体建筑内部冷水管网通过热交换站的板式换热器与冷站管网进行冷量交换。

每个冷站的供冷半径为 2.5km，4 个冷站对应的管网总长约 110km。由于采用 10℃的大温差送水，管网的管径可以大大缩小，输送水泵的功率也降低了很多，从而减少了管网和水泵的初投资。管网采用直埋式保温钢管，最大直径为 DN1200，埋设在地下，管道保温材料采用聚氨酯发泡材料外加 PE 保护层。这种保温方式有效降低了管网的温升，实测管网温升为 0.5℃，比设计理论值 1℃更为令人满意。管网温升的降低令整个区域供冷系统的效率提高了约 5%。管网为双管异程呈树枝状分布，在总管和部分支管的必要处设置了压力调节功能阀以平衡管网压力，并通过自控系统调节冷站内二次冷水泵变频节能运行，并保证管网最不利点的压差也能达到供冷要求。管网未设补偿器，利用自身补偿及土壤摩擦补偿。管网 DN600 以上阀门设伸缩补偿器保护阀门和方便管道维修，管网系统见图 8-9。

3）末端换热系统

管网连接着末端 298 个热交换间和 382 个水—水板式换热器，为大学城 400 多幢建筑物供冷。板式换热器的换热能力从 125W 到 2500kW 不等，热交换时管网侧的设计供回水温差为 10℃，单体建筑侧的设计供回水温差为 5℃。建筑物内的冷水输送系统把经过水—水板式换热器所获得的冷量输送到各房间。

换热间设置了计费和控制系统。计费系统通过检测冷水的流量和供回水温差，并实时积分计算出的用冷量；控制系统通过监控用户侧的供回水温差和流量，调节电动阀的开度

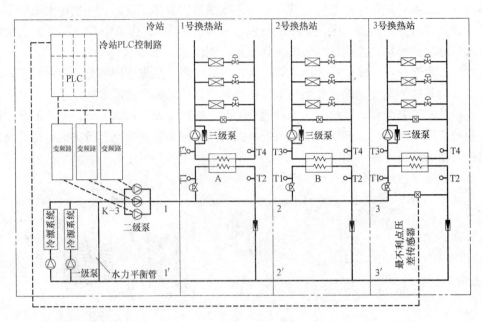

图 8-9　管网系统图

以达到节能高效运行。

　　区域供冷系统对大学城做出了较大的贡献。通过减少设备装机容量降低对电力系统的影响，削减高峰用电负荷；取消单体建筑分体空调室外机，美化了城市环境；减少了各大学单体建筑空调设备及配套变配电设施的用房面积；集中供冷提高了空调服务的可靠性和有效性；减少了城市热岛效应和城市空调噪声；减少了冷却塔漂水对城市环境的影响；减少了大学城的日常维护和管理人员。

　　2. 江水源、地源热泵系统的应用——南京鼓楼国际服务外包产业园 DHC

　　水源热泵系统包括三部分：取水及水质处理、水源热泵机组及末端设备，如图 8-10 所示。

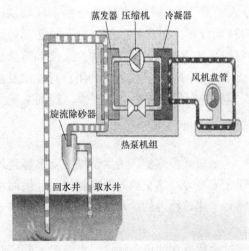

图 8-10　水源热泵工作原理图

（1）项目概述

　　南京鼓楼国际服务外包产业园区位于南京河西新城区北部，总占地面积 119hm²，规划总建筑面积 231.71 万 m²（地上面积 191.57 万 m²，地下面积 40.14 万 m²），平均容积率 1.7，建筑密度 17.3%，绿地率 37.3%，建筑功能主要为软件业研发办公楼，是南京市河西规划区内的重要产业研发园项目。

　　南京鼓楼国际服务外包产业园管委会在园区开发中积极借鉴欧美和日本等国家在城市区域能源规划方面的成功经验，借助园区濒临长江的天然优势，结合园区内高密度建筑群的规划格局，最终确定了以江水源热泵、冰蓄冷、大温差变流量等多项节能技术为核心的大型区域供冷供热系统（DHC）。项目总供冷、供热规模设计达到155MW（4.4万冷吨），空调系统设置两个集中的能源站，并与园区开发同步，分两期建设和投运。能源站供冷供热的范围为园区内占地约1700余亩的软件园区、综合研发区、SOHO（居家办公）区、研发配套服务区、居住区，建筑面积超过180万 m^2，该项目是目前江苏省内规模最大的江水源热泵和区域供冷供热项目（图8-11）。

（2）江水情况与系统方案确定

由于项目临长江，采用江水源热泵是理想的选择之一，为此公司对江水的温度情况进行了调研。根据项目实施位置下游500m南京北河口水厂的连续水温测试统计，江水温度及水质情况较好。

图8-11　南京国际服务外包大厦

江水源热泵合理利用可再生能源供暖的同时，减轻了由于冬季燃气锅炉和电锅炉供暖引发的城市燃气和电力和供应短缺的压力，也避免了天然气供暖的昂贵费用，减少了电力、燃气和煤的消耗及污染物排放。冰蓄冷技术平衡了南京市电网的昼夜峰谷差，减少电力高峰时段制冷设备的电力消耗，减少了整个园区的空调装机容量和总配电容量（减小50%），节约了整个园区的电力基础设施配套社会资源，提高了整个园区电力资源的利用率。冰蓄冷技术和大温差变流量技术的应用则大大增强了区域供冷系统的经济性和灵活性，提高了区域供冷的商业价值。

（3）系统设计

项目设计采用江水源热泵＋冰蓄冷技术＋区域供冷供热方案。能源站分两期进行，第一期能源站设在内河东侧，满足综合研发区、部分研发配套区、酒店公寓以及住宅的空调需求。第二期能源站设在内河西侧，为研发区、部分研发配套区提供空调冷热水。区域系统的为了满足部分建筑的需求，将24小时连续运行，系统在低负荷率下的运行时间较长，对系统能效比造成很大的影响，而影响能效比最主要管网的热量损失和水泵无谓的耗能，因此区域供冷供热管网设计的重点之一是通过增大供回水温差，减小输送水量，降低水泵能耗，夏季供/回水温度4℃/12℃，冬季48℃/40℃。管网采用直埋方式、聚氨酯保温。

夏季利用长江水制冷，冬季直接吸取长江水中的热能为园区供热。通过区域供冷供热系统的建设和运营不仅实现了大规模的可再生能源利用，更是提高了电力资源的使用效率。同时还减轻了由于冬季燃气锅炉、电锅炉供暖引发的城市燃气、电力供应短缺的压力，减少园区空调所需的能源消耗和相应污染物排放，达到高效、节能、环保的目的。

经测算，项目全部建成后，较常规空调系统全年用电量预计减小达40%，全年节能8327.7tce，每年至少可以减少25000余吨 CO_2 排放，NO_2 以及 SO_2 等污染物的排放量也相应减少。夏季流动的江水带走了空调排放的废热，缓解了中心城区因分散式空调的废热积聚引起的城市热岛效应。换热后尾水进行了综合利用承担了园区内的景观、绿化和灌溉用水，并对附近原有的季节性断流地表水系进行了贯通，促进了区域水系的循环和水质改善，提高了其自净化能力。江水源热泵系统与传统的空调形式对比见表8-1。

江水源热泵与传统空调形式对比 表8-1

项目	配电容量	机房面积	机房人员	天然气消耗	能源效率	冷却水损耗
区域供冷	35031kVA	5500	68人	296m³/hm²	4.2	5万m³/a
传统方案	76154kVA	18400	460人	9338m³/hm²	3.7	54万m³/a
节省比	46%	70%	85%	97%	12%	90%

8.3 城市集中供暖技术

8.3.1 城市集中供暖系统概述

城市集中供暖是由集中热源所产生的热蒸汽或热水通过管网供给一个城市或一个地区生产和生活使用的供暖方式，它由热源、热网、热用户三个部分组成。主要任务是按照热用户的需求，可靠、经济地把热能从热源输送给各热用户和用热设备。其中，热网承担着热交换的功能，在一个城市热网中分布着有几十个甚至上百个大大小小的换热站，它们在整个供暖系统中担任着举足轻重的作用，是热能交换的场所，是整个城市供暖系统的枢纽，集中供暖系统示意图如图8-12所示，纵向看整个供暖系统由中心管理层、控制层及现场设备层组成，体现了整个供暖系统分散控制与集中管理的设计思想；横向看整个供暖系统由热源、热网以及热用户组成。城市集中供热系统的热源有燃煤热电厂、天然气供热厂和热电厂、燃煤锅炉、天然气锅炉。

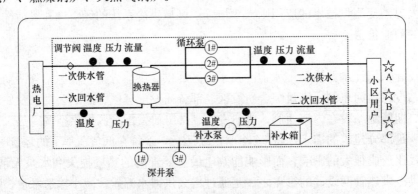

图8-12 城市集中供暖结构示意图
A—高位末端监测站；B—中位末端监测站；C—低位末端监测站

1. 热源

热源是整个供暖系统产生热能的地方，主要分为以下几种不同的供暖模式：

（1）热电联产

热电联产是一项有效综合利用能源的技术，而热电厂是其载体（图8-13）。在发电的同时，利用汽化潜能进行供暖，合理有效地实现热能由高向低的梯级利用，总的热效率可达90%以上。锅炉产生的蒸汽用汽轮机发电，其排汽或抽汽，除了满足各种热负荷外，还可以作吸收式制冷机的工作蒸汽，生产6～8℃的冷水可用于空调或工艺冷却，无论考虑经济效益还是社会效益，热电联产都是最合适的集中供暖方式，是解决城市供暖供冷需求的有效合理途径。

图 8-13　热电厂

（2）区域供暖

区域供暖是一种传统的供暖模式，它是以一个锅炉房作为热源，向一个较大范围或区域供应热能的系统为保证锅炉房热效率可达到 70％左右，区域供暖中规定一般锅炉容量要在 10t/h 以上，或是供暖区域在 10 万 m² 以上，相对于分散锅炉房的锅炉热效率（55％左右）是节能的。

（3）垃圾焚烧供暖

垃圾焚烧供暖是指垃圾置于高温炉中焚烧，使其中的可燃成分充分氧化，产生的热量用于供暖。其优点是减量效果明显，焚烧后的残渣体积减少 90％以上，重量减少 80％以上，将各种工业和生活垃圾焚烧，产生热能供生产和生活使用，既有利于环境保护，也可获得较好的经济效益。

（4）低温核供暖

低温核供暖是利用核聚变能作热源来为城市和工矿企业集中供暖。利用核能供暖是人类供暖史上的一次革命。它不仅可以大量节省煤炭，而且能有效地改善环境，但是若要用低温核供暖装置供暖，首先必须要符合国家规定，还要考虑到自己城市的科技水平是否能够达到这种供暖模式对技术水平的要求。

（5）其他供暖方式

其他供暖热源还有热泵供暖、地热供暖、电供暖、太阳能供暖等。

以上所提到的几种供暖方式，在实际应用的选择中都应因地制宜，根据城市不同的客观环境而定。在生态和环保逐渐被重视的社会背景下，如何能让集中供暖发挥更大的优势，多热源联网就是重要的措施之一，它是为满足一些城市的供暖面积和热需求量较大而一个热源难以满足，因而引入的一种供暖方式。

2. 热网调节

热网的功能主要是将热能从热源传至热用户，它将热量合理地分配调度。由于供暖系统热负荷是随室外温度变化的，供暖系统的运行调节就是将用户端散热设备的散热量与用户热负荷的变化相适应，从而使室内的温度变化维持在一定的范围内。当供暖系统使用后，系统的能耗便完全取决于系统运行调节水平的高低，它直接决定了系统能耗的高低，是系统节能的关键所在。

供暖系统的调节方式大致可分为集中调节、局部调节以及个体调节。其中，集中调节是基础的调节方式，它主要是调节热源处的供水温度以及循环水量，这种调节方法常见的有以下几种方式：

（1）质调节

质调节是只改变供暖系统的供回水温度，而系统的循环流量保持不变的调节方式。调节只在系统的热源处调节供水温度，系统水力工况稳定。质调节的缺点是由于系统流量始终保持不变，因此系统运行费用较高。

（2）量调节

量调节时，只改变循环流量而保持供水温度不变的调节方式，它的最大优点是节省水泵电耗，缺点是系统容易发生热力失调现象。

（3）分时段改变流量的质调节

按室外温度将供暖期分成几个时段，对于不同的时段循环水量保持不变，按系统的质调节方式进行调节，相同时段内采用量调节方式，热源处温度不变。这种调节是质调节和量调节两者的有效结合，吸取了这两种方式的优点，克服了它们的不足，所以这种方式在工程上使用较普遍。

（4）间歇调节

当室外温度变化时，不改变供暖系统的循环水量和供水温度，只减少每天的供暖小时数。它一般作为辅助调节方式，主要用在室外温度较高的供暖初期和供暖末期。

3. 热用户

热用户是整个供暖系统的终端也是整个系统的服务对象，用户的需求是否可以得到满意，是衡量供暖质量的一个重要标准；对于不同的用户，有着不同的供暖需求，这是现在供暖系统所要解决的问题。

8.3.2 城市集中供暖技术——以西安市为例

1. 西安市集中供热情况概述

目前西安市集中供热包括热电厂供热及区域供热锅炉房供热，分散供热包括分散燃煤锅炉房供热、燃气锅炉供热、燃油锅炉供热、电锅炉供热、地热供热。西安市主城区各种热源供热量所占比例为：热电厂和区域锅炉房供热量占 12.37%，分散燃煤锅炉房供热量占 61.03%，燃气锅炉供热量占 19.12%，燃油锅炉供热量占 4.09%，电锅炉供热量占 1.16%，地热供热量占 2.23%。

西安市目前有灞桥、西郊、城北 3 座热电厂。灞桥热电厂供应工业生产用蒸汽的能力为 250t/h，供热能力为 510MW。西郊热电厂的供热能力为 445MW。城北热电厂供应工业生产用蒸汽的能力为 75t/h，供热能力为 157.5MW。以区域供热锅炉房为热源的供热站包括解和供热站、南大街供热站、明德门供热站、3513 厂供热站、西安高新技术开发区供热站、经济技术开发区供热站、雁塔开发区供热站。各区域供热锅炉房以大、中型燃煤蒸汽锅炉为主。

2. 集中供热的技术措施

（1）合理划分供热区域

西安市集中供热始于 1958 年，以热电厂及区域供热锅炉房作为主要热源，逐步形成了现有的供热区域。因此，规划供热区域时既要考虑现有的供热区域，使新、老供热区域都能处于经济运行的状态，又要使蒸汽管网和热水管网的供热半径处于较合理的范围内。根据西安市新的城市总体规划，主城区的范围为东西到绕城高速公路、南到长安区、北到渭河南岸，将主城区划分成城东、城北、城西、城南、城中心5个供热区域。

（2）确立合理的供热方式

集中供热能为城市提供稳定、可靠的高品质热源，与采用小型燃煤锅炉的分散供热相比较，集中供热能有效地节约能源及减少污染物的排放量，具有明显的经济效益、社会效益和环境效益。能否合理利用能源以及提高能源利用效率，不仅关系到节约资源和经济发展，而且影响到生态环境，热电联产是达到上述目的的重要技术措施。因此，本着节约能源、减少污染、方便生活的原则，西安市的供热方式应以集中供热为主，积极发展热电联产，充分利用煤炭资源。

大力发展热电厂和区域供热锅炉房热电联产是一项综合利用能源的技术，总热效率可达90％以上，它不仅提高了能源利用率，还可减少环境污染，增加电力供应。无论考虑经济效益、社会效益还是环境效益，热电联产是当前最合适集中供热方式，是发展城市供热的有效途径。但热电厂占地面积较大，西安市作为世界闻名的历史文化古都、旅游名城，对城市环境风貌的要求很高，土地资源紧缺，这使热电厂的发展在一定程度上受到了限制。因此应因地制宜地规划、建设热电厂。

除已有的城东供热区的灞桥热电厂、城北供热区的城北热电厂、城西供热区的西郊热电厂外，预计新建4座热电厂，包括城东供热区的马腾空垃圾焚烧热电厂、城北供热区的新筑热电厂、城南供热区的南郊热电一厂和南郊热电二厂。这7座热电厂都位于主城区边缘，接近负荷中心，既具有方便的交通运输条件及可靠的供水保证，又具有较好的地质条件，并与周围用地有充足的安全防护距离。

以区域供热锅炉房为热源的供热站是集中供热工程必不可少的组成部分，相对于热电厂，它的规模较小、占地少、造价低、见效快，运行管理灵活。既可单独供热，也可与热电厂联网供热。新建、改扩建的区域供热锅炉房应采用热效率高、环保性好的大型燃煤锅炉，逐步淘汰蒸发量≤20t/h的燃煤蒸汽锅炉。根据各供热区域的情况，西安市将扩建3座供热站，包括3513厂供热站、经济技术开发区供热站、雁塔开发区供热站。新建5座供热站，包括三桥供热站、西新村供热站、西部慧谷供热站、曲江供热站、城西供热站。

（3）限制分散燃煤锅炉房供热

热电厂和以区域供热锅炉房为热源的供热站在城区的发展受到土地资源的限制，无法覆盖所有的供热区域。因此，仍需其他热源作为补充，但作为城市辅助热源的分散燃煤锅炉房应符合以下要求：①西安市政府规定的无煤区内不能安装燃煤锅炉；②单台燃煤蒸汽锅炉的蒸发量应大于或等于20t/h，单台燃煤热水锅炉的热功率应大于或等于14MW；③大气污染物排放量应符合《锅炉大气污染物排放标准》GB 13271—2001的有关规定。

（4）以燃气锅炉房为补充

应根据供热区域的特点，在集中供热无法覆盖的供热区域积极发展高效、节能的燃气锅炉房作为补充热源，以逐渐取消分散燃煤锅炉房。但鉴于我国天然气储量并非很丰富且天然气价格较高的现状，燃气锅炉房只作为供热热源的必要补充。

（5）重视多热源联网运行

多热源联网运行可优化热源生产和运行方式，增强热源运行的灵活性、互补性，提高供热系统的经济性和可靠性，但多热源联网运行对供热系统的自动监控、微机仿真、变流量控制技术提出了更高要求。通过多热源联网运行不但可以满足供热规模不断扩大的需求，而且可以充分利用已有地下热网资源。

（6）利用垃圾焚烧供热

规划新建的垃圾焚烧热电厂可将各种工业、生活垃圾进行焚烧处理，产生的热能供生产、生活使用，既有利于保护环境，又可获得较好的经济效益。我国深圳等城市已经有利用垃圾焚烧供热的成功经验，利用垃圾焚烧供热已被越来越多的城市所采纳。

8.4 城市燃气管网规划

8.4.1 城市燃气管网规划概述

城市燃气供应系统是供应城市居民生活、商业、供暖通风和空调、燃气汽车和工业企业等用户使用燃气的工程设施，是城市公用事业的一部分，是城市建设的一项重要基础设施。实现民用燃料气体化是城市现代化的重要标志之一。

在发展城市燃气事业中，会遇到气源、输送、储存、分配等方面的一系列技术和经济问题，而这些问题又与城市各个方面有着密切的关系。为了合理搞好城市燃气的建设和供应工作，必须做好城市燃气规划。城市燃气规划方案一经确定，就将成为编制城市燃气工程规划任务书和指导城市燃气工程分期建设的重要依据之一。因此，编制好城市燃气规划有助于建设功能完备、有现代化能源系统支撑的城镇基础设施体系，也是发展城市燃气事业的一项非常重要的工作。

8.4.2 城市燃气管网规划举例

1. 低压—中压 A 两级管网系统

如图 8-14 所示，天然气从东西两个方向送入城市，配气站对置设置，无储气设施，并用长输管线的末端储气，中压管网连成，低压管网连成不相通的环。

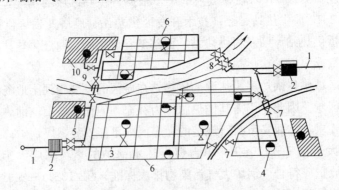

图 8-14　低压—中压 A 两级管网系统

1—长输管线；2—门站；3—中压 A 管网；4—区域调压站；5—工业企业专用调压站；6—低压管网；

7—穿越铁路套管敷设；8—穿越河底的过河管；9—沿桥铺设的过河桥；10—工业企业

2. 低压—中压 B 两级管网系统

如图 8-15 所示，采用人工燃气、低压储气、压气站加压后送入中压管网，再经区域调压室调压后送入低压管网；低压储气罐低峰时向中压管网供气，高峰时向中、低压管网同时供气。

3. 三级管网系统

如图 8-16 所示，该系统由高压储气罐储气，并用高压管道将储气罐连成整体；通过高中压调压站、中低压区域调压站将高压管道、中压管道、低压管道连接。

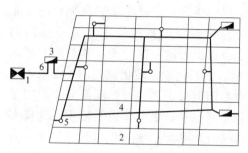

图 8-15　低压—中压 A 两级管网系统

1—气源厂；2—低压管网；3—燃气储配站；

4—中压管网；5—中低压调压站；

6—气源与储配站连接管网

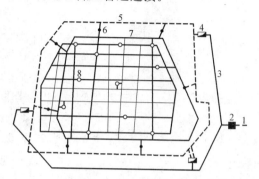

图 8-16　三级管网系统

1—长距离输气管线；2—城市燃气门站；

3—郊区高压管线；4—燃气储配站；5—高压管网；

6—高中压调压站；7—中压管网；8—低压管网

4. 多级管网系统

如图 8-17 所示，气源分布均匀，储气方式多样，采用地下储气库、高压储气罐、长输管线储气各级管网均成环。

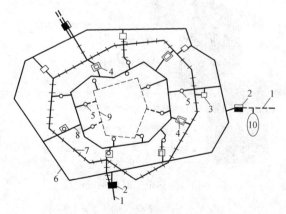

图 8-17　多级管网系统

1—长输管线；2—门站；3—调压计量站；4—储气站；5—调压站；6—高压 B 环网；

7—次高压 B 环网；8—中压 A 环网；9—中压 B 环网；10—地下储气库

8.5　冷热电三联供技术

冷热电三联供可大大提高整个系统的一次能源利用率，实现了能源的梯级利用，还可以提供并网电力作能源互补，整个系统的经济收益及效率均相应增加。

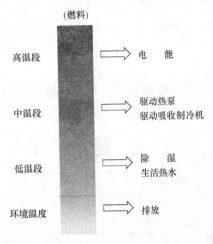

图 8-18　三联供系统基本原理

8.5.1　冷热电三联供技术概述

1. 冷热电三联供技术概念

冷热电三联供（Combined Cooling, Heating and Power, CCHP），是指以天然气为主要燃料带动燃气轮机或内燃机等燃气发电设备运行，产生的电力满足用户的电力需求，系统排出的废热通过余热锅炉或者余热直燃机等余热回收利用设备向用户供热、供冷。经过能源的梯级利用使能源利用效率从常规发电系统的 40% 左右提高到80% 左右，节省了大量一次能源，其基本原理如图 8-18 所示。燃料化学能转化优先用于发电，品质降低后中温能源用于制冷，低温部分能源用于除湿和制备生活热水，供空调供暖使用，这样实现了能源的梯级利用，更加合理。

2. 冷热电三联供系统的组成

三联供系统由高温段（动力系统）、中温段（余热利用系统）、低温段（辅助系统）组成，如图 8-19 所示。

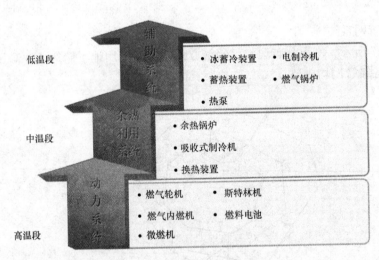

图 8-19　冷热电三联供系统组成

3. 三联供系统的分类

目前三联供系统常用的发电机（动力系统）有燃气内燃机、燃气轮机、微燃机等不同形式，各种发电机三联供系统的一些参数比较如表 8-2 所示。

（1）燃气内燃机的性能特点

燃气内燃发电机突出的优势是发电效率高、环境变化（海拔高度、温度）对发电效率的影响小、所需燃气压力低、单位造价低，当然也有余热利用较为复杂、氮氧化物排放量略高的缺陷，其特点主要如下：

	燃气内燃机	燃气轮机	微燃机
容量(kW)	20~5000	1000~500000	30~350
发电效率(%)	22~40	22~36	18~27
综合效率(%)	70~90	50~70	50~70
燃料	天然气	天然气	天然气
启动时间	10s	6min~1hr	60s
燃料供应压力	低压	中高压	中压
噪声	高(中)	中	中
NO_X 含量(ppm)	较高	低	低

1）单机能源转换效率高，发电效率最高可达 40％以上，能源消耗率低。

2）地理环境造成的影响最小，高温、高海拔下可正常运行。

3）通常海拔高度每增加 300m，内燃机的发电出力下降 3％；环境温度每增加 1℃，内燃机的发电出力下降 0.32％。

4）可直接利用中低压天然气。

（2）燃气轮机的性能特点

1）燃气轮机发电机具有体积小、运行成本低和寿命周期较长（大修周期在 6 万 h 左右）、出口烟气温度较高、氮氧化物排放率低等优点。

2）燃气轮机发电机组发电电压等级高、功率大，供电半径大、适用于用电负荷较大的场所。

3）发电机输出功率受环境温度影响较大。当大气温度由 15℃降至－20℃时，功率增加 25％~35％，效率增加 6％~10％；当大气温度由 15℃降至－40℃时，功率降低 17％~23％，效率降低 5％~8％。

4）燃气轮机发电机组余热利用系统简单、高效。

5）燃气轮机发电机组一般需要次高压或高压燃气。

（3）微燃机的性能特点

1）微型燃气轮机叶片很小，为了获得较好的空气动力学性能，多使用单级离心压气机和单级向心透平，冷热电联供系统所使用的微型燃气轮机的功率在 30~300kW 之间。

2）微燃机的特点是废气余热回收为热水。

3）运动部件少，重量轻，振动小，没有必要设置特殊的防振设施。

4）输出功率受环境温度影响，罩外噪声小，100kW 以下可切网运行，简单循环的效率很难超过 20％，带回热器的可以接近 30％。发电效率低、发电功率小。

8.5.2　冷热电三联供技术案例——北京燃气大楼

北京市燃气集团指挥调度中心大楼三联供系统，是北京市第一个利用天然气冷、热、电三联供的示范工程。大楼建筑面积 3.2 万 m^2，建筑物高度 42m，地上 10 层，地下 2 层。大楼用电负荷 100~1000kW，平均用电负荷 400~800kW，需冷量 500~3000kW，供暖需热量 550~2700kW。该系统配置 480kW 和 725kW 发电机各一台，制冷量为

1163kW 和 2326kW 的余热型直燃机各一台，燃气内燃机发电供大楼自用，并联型余热/直燃溴化锂吸收式空调机回收利用内燃机产生的烟气和缸套冷却水中的余热，冬季供暖，夏季制冷。由于回收的余热量不能满足系统最大热量/制冷量的需求，不足部分利用余热直燃机组补燃解决，如图 8-20 所示。图 8-21～图 8-23 为国际较为著名的热电联供建筑。

图 8-20　北京市燃气集团指挥调度中心

图 8-21　华盛顿水门饭店

图 8-22　英国伦敦 EXCEL 中心

图 8-23　密歇根州一小区热电系统

思 考 题

1. 为什么建筑区域能源规划非常重要？
2. 建筑区域能源规划的原理是什么？
3. 建筑区域供冷与供热的方式有哪些？
4. 城市集中供热由哪些部分组成？
5. 城市燃气管网包括哪些组成部分？
6. 冷热电三联供从能源梯级利用角度有何优点？它由哪几个主要部分组成？

第9章 建筑自动化与建筑智能

随着人类社会的不断发展，人们对建筑物的内外环境要求越来越高；另一方面，科学技术和生产力的迅速发展，系统设备越来越复杂，投资、运行能耗和维护费用也越来越高。为了充分、有效地发挥设备潜力，提高系统的整体效能，降低设备运行能耗和系统运行、维护费用，实现建筑物设备自动控制的楼宇自动化系统（Building Automation System，BAS）又译为：建筑设备自动化系统，成为建筑技术不断发展的必然要求和自动化技术在建筑领域应用的必然结果。在楼宇自动化技术的基础上，结合通信技术、计算机技术和其他科学技术而形成并迅速发展的智能建筑（Intelligent Building，IB），则能更好地满足人们对建筑环境与能源应用的安全、舒适、便捷、高效等要求，实现低碳、节能、绿色生态的目标。

9.1 建筑环境与能源应用的自动控制

自动控制（Automation Control）是指机器设备、系统或过程（使用、管理过程）在没有人或较少人的直接参与下，按照人的要求，经过自动检测、信息处理、分析判断、操纵控制，实现预期的目标的过程。采用自动化技术不仅可以把人从繁重的体力劳动、部分脑力劳动以及恶劣、危险的工作环境中解放出来，而且能扩展人的器官功能，极大地提高劳动生产率，增强人类认识世界和改造世界的能力。

对应于建筑环境与能源应用科学领域，自动控制主要针对建筑、小区或城区的设备及系统，对应于之前学习的内容，介绍几种常见的自动控制。

9.1.1 空调系统的自动控制

人们正常的生活、工作环境或一些行业的生产环境，对空气温度、湿度、洁净度和风速都有一定的要求，空气调节就是为了满足这些要求而出现的。对空调末端设备进行实时自动监控，不但是系统正常工作和保证空调环境参数满足要求的需要，也是整个系统优化管理、节约人力、降低能量的需要，因为空调设备时间长，耗能巨大。

为了创造一个温度适宜、湿度恰当、空气洁净的舒适环境，以满足生活、工作和生产的要求，空调系统的控制一般包括如下内容：

(1) 空气温度控制；

(2) 空气湿度调节；

(3) 空气气流速度调节；

(4) 空气品质调节；

(5) 空气压力调节；

(6) 空气的特殊控制工艺。

总之，空气调节系统自控的任务就是实时监测相关参数，当室内外的空气参数（温度、湿度等）发生变化时，调控空调空间内空气参数不变或不超出给定的变化范围。通常采取对空气进行加热或冷却达到温度调节的目的，通过加湿和除湿达到湿度调节的目的，通过过滤和调节新风量来达到空气质量调节的目的。

9.1.2 冷热源系统的自动控制

1. 冷源系统的自动控制

空调冷源系统一般由多台制冷机和冷冻水循环泵、冷却水循环泵、冷却塔、补水箱、膨胀水箱等设备组成。制冷机、循环水泵、集水器/分水器、补水箱等设备以及水处理装置等辅助设备通常安装在专用的设备间——制冷站。为了保护空调系统的设备，冷冻水在进入系统之前须经过处理（如除盐、除氧等），水处理设备也安装在制冷站。此外，大多数情况下，热源装置如锅炉、换热器同样安装在制冷站。

已有制冷机组厂家推出的制冷机控制系统，除了对制冷机本身的监控外，还能与冷却塔、冷却水泵、冷冻水泵实现联动控制，从而构成更完整的冷水机组控制系统；并提供远程通信接口和调制解调器相连，使厂家的机组维修人员可以通过电话线远程监视机组的运行情况，为用户提供全面的服务。在协议并不统一的情况时，已经有人通过开发通信接口来实现制冷机组控制系统与楼宇自动化系统之间的互联，并取得了一定程度上的成功。

2. 热源系统的自动控制

空调系统热源有几种常用的获取方式，一种是通过城市热网，一种是通过锅炉，或通过地源热泵或太阳能等可再生能源获取。由于燃煤和燃油锅炉属于压力容器，国家有专门的技术规范和管理机构，因此这类锅炉的运行控制一般不纳入楼宇自动化系统，最多只对锅炉的开/停状态进行监控，它们的运行控制由专门的控制系统完成。对于电加热的空调热源锅炉和电加热的生活热水锅炉，由于其工作控制相对简单，可以纳入楼宇自动化系统。热源系统监控的参数包括热水进出口水温、水流量等。

9.1.3 通风系统的自动控制

在现代建筑中，还有一些对温、湿度无严格要求的地方，如卫生间、厨房、锅炉机房、地下车库、仓库等区域，只对空气质量有相应的要求。对这些区域，可通过设置相应的通、排风设备并结合对应的监控策略来满足要求。

对一般的通、排风区域，可由中央监控系统按照每天预先编好的时间、节假日程序启停及监测通/排风机的运行。对设在地下室的锅炉房，可根据锅炉的启停台数确定通风机的运行台数；地下车库这些有有害气体排放的区域，可通过能检测 CO_2 浓度的空气传感器对空气质量进行监测，并及时启停风机，以保证空气质量和环境安全。

当送、排风机同时兼作发生火灾时的补风和排烟机时，电气联动控制和监控程序要进行系统、全面的规划设计。这类风机有的选用双速风机，通风、排风时低速运行，补风、排烟时高速运行。

9.1.4 照明系统的自动控制

在现代建筑中，照明电量占建筑总用电量很大的一部分，仅次于空调用电量，如何做到既保证照明质量又节约能源，是照明控制的重要内容。在多功能建筑中，不同用途的区域对照明有不同的要求。因此应根据使用的性质及特点，对照明设施进行不同的控制。照明系统的监测控制包括建筑物各层的照明配电箱、应急照明配电箱以及动力配电箱。按照功能，可将照明监控系统划分为几个部分：走廊、楼梯照明监控；办公室照明监控；障碍照明、建筑物立面照明监控；应急照明的应急启/停控制、状态显示。

照明控制系统的任务主要有两个方面：一是为了保证建筑物内各区域的照度及视觉环境而对灯光进行控制，称为环境照度控制，通常采用定时控制、合成照度控制等方法来实现；二是以节能为目的，对照明设备进行的控制，简称照明节能控制，有区域控制、定时控制、室内检测控制三种方式。

小区或城区景观照明控制系统更为复杂（图 9-1），此类照明控制的技术要点有：

（1）通信功能：使用无线通信，一般使用 UHF 频段。

（2）自动化功能：系统可按设计要求对任何一点进行自动开关控制，进行相应数据采集、故障检测和报警。

（3）软件功能：系统软件可按实际需要设置功能，实施图文界面的监视和控制。在此领域内，许多国内厂家开发应用了一些好的系统，如上海的城市夜景照明控制就非常实用。

图 9-1　复杂的城市商业区夜景照明控制

9.2　建筑自动化系统

建筑自动化系统（BAS）或称建筑设备自动化系统，是将建筑物或建筑群内的电力、照明、空调、给排水、防灾、保安、车库管理等设备或系统，以集中监视、控制和管理为目的而构成的综合系统。建筑自动化系统通过对建筑（群）的各种设备实施综合自动化监控与管理，为用户提供安全、舒适、便捷、高效的工作与生活环境，并使整个系统和其中的各种设备处在最佳的工作状态，从而保证系统运行的经济性和管理的现代化、信息化和智能化。由于建筑自动化系统在建筑环境舒适与安全、设备经济运行、设备状态监控等方面的重要性，除了作为建筑智能化系统的重要子系统之外，作为建筑设备的自动控制系统，也在智能建筑中得到广泛应用。

9.2.1　建筑自动化系统的重要作用

1. 实现实时控制

为了满足用户实时、逐日、逐年的参数控制需要以及机电设备的一些工艺要求，必须

147

有自动化系统。例如空调系统的功能就是根据气候的变化和室内湿、热扰量的实时的变化改变送入室内的冷热量。气候和室内各种热湿干扰是不断随时间变化的，空调系统就必须不断进行实时的调节，否则不可能满足室内环境控制的要求。只有通过建筑自动化系统才能使建筑机电设备各系统的各项功能按照设计意图得以全面实施。

2. 降低能耗

在某种工况下实现房间的恒温恒湿有很多方法。例如实际需要的冷量仅为冷机制冷量的 1/3 时，可以投入冷机满负荷运行，降温除湿，再开启电加热器和电加湿器补充过多的制冷量和除湿量，从而与实际的冷负荷、湿负荷匹配，实现恒温恒湿；也可以使冷机间歇运行，恰好满足冷负荷与湿负荷，从而不需要开启电加热器和电加湿器。这两种方式尽管都实现了恒温恒湿，但耗电量却相差几倍。类似的状况在空调系统中普遍存在。

根据实际工况确定合理的运行方式和调节策略，与不适当的运行方式相比，往往可产生运行能耗上的很大区别。自动控制系统的目的之一是通过采用优化的运行模式和调节策略实现节省运行能耗的目的。供暖空调系统能耗一般占建筑能耗的 60% 以上，也是节能潜力最大的系统，因此是优化控制和优化调节以降低运行能耗的主要对象。

3. 提高效率

降低运行维护人员工作量和劳动强度也逐渐成为重要问题。176 万 m^2 的成都环球中心的酒店、海洋公园和商业区的空调、地源热泵由分布于各个区域的数千台末端或机组构成，若由操作人员对各台机组末端巡视检查调控一遍要步行数十千米，一个工作班次都不能调控一次。如果没有自动控制系统，是不可思议的。由建筑自动化系统对各空调箱进行远程监测和控制，可有效减少运行维护人员工作量并显著降低运行维护工作的劳动强度。

4. 改善管理

采用计算机联网的建筑自动化系统的另一显著功能是有可能极大地改善系统管理水平。大型建筑的机电设备系统要求有完善的管理。这包括对各系统图纸资料的管理，运行工况的长期记录和统计整理与分析，各种检修与维护计划的编制和维护检修过程记录等。手工进行这部分管理工作需要很大的工作量，且难以获得好的效果。建筑自动化的计算机系统却可以出色地承担这部分工作，实现完善的管理。

5. 保障安全

对不同设备的各项保护措施的完善控制，是使空调机安全可靠运行的重要保障，也是自动化系统的主要目的之一。保护措施不完善，就会导致重大事故或影响工艺系统的正常运行，从而造成重大人员伤亡，财产损失。

9.2.2　建筑自动化系统的构成

建筑自动化系统可分为狭义和广义两种。狭义的建筑自动化系统主要包括的内容有：变配电子系统、照明子系统、空调与冷热源子系统、电梯子系统、环境保护与给排水子系统、停车场管理与门禁子系统等。而所谓广义的建筑自动化系统应该还包括：火灾自动检测与报警系统（Fire Automation System，FAS）和安全防范系统（Security Automation System，SAS）两部分。

如图 9-2 所示，现在通常意义上的建筑自控系统包括：供暖空调系统、冷热源系统、给排水系统、照明系统、电梯与扶梯系统、建筑物围护结构。

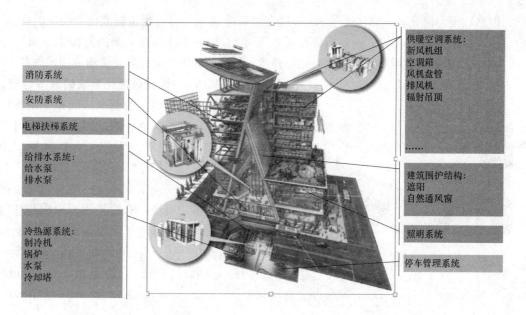

消防系统

安防系统

电梯扶梯系统

给排水系统：
给水泵
排水泵

冷热源系统：
制冷机
锅炉
水泵
冷却塔

供暖空调系统：
新风机组
空调箱
风机盘管
排风机
辐射吊顶

......

建筑围护结构：
遮阳
自然通风窗

照明系统

停车管理系统

图 9-2　建筑自动化系统的构成

9.2.3　楼宇自动化系统的功能

楼宇自动化系统在智能建筑系统工程下的主要功能如下：

（1）自动监视和控制智能建筑各种电气与机械设备的启/停动作，可以根据需要显示或打印系统的当前运转状态。

（2）自动记录系统各种参数（温度、湿度、电流、电压等）数据及其变化趋势，并自动进行越限报警。

（3）能源管理：自动进行对水、电、燃气、热力等的计量与收费，实现智能建筑中的能源管理自动化。BAS 系统还可以自动提供最佳能源控制方案，以达到合理、经济地使用能源，进而实现节约能源的目的。

（4）设备管理：BAS 系统对智能建筑中的各项自动控制设备，提供技术和计算机管理的支持，实现设备运行状态的实时监控和参数显示，以及设备档案与维修管理等。

（5）意外灾害紧急处理：BAS 系统通过自身的软件系统，在智能建筑出现意外事故时，能自动发出指令（包括切断电源等措施），以保证设备及人员的安全。

9.3　建筑智能化系统

9.3.1　建筑智能化系统概念

建筑智能化系统，过去通常称弱电系统，是指以建筑为平台，兼备建筑设备、办公自动化及通信网络三大系统，集结构、系统、服务、管理及它们之间最优化组合，向人们提供一个安全、高效、舒适、便利的综合服务环境。

严格地说，智能建筑是建筑物的一种，因其安装有建筑智能化系统，能提供安全、高效、舒适、便利、快捷的综合服务环境，且投资合理，因此被称为智能建筑。建筑智能化系统是安装在智能建筑中，由多个子系统组成的，利用现代技术实现的、完整的服务、管理系统。但是，很多情况下并没有这样严格地区分"智能建筑"与"建筑智能化系统"的概念。常常用"智能建筑"代替"建筑智能化系统"。位于北京奥林匹克公园内的国家会议中心（图 9-3），其智能化建设集成了国内外最新技术，展现了我国智能建筑系统集成技术创新。

图 9-3 国家会议中心

9.3.2 建筑智能化系统的基本组成

关于智能建筑的基本构成和子系统的划分并没有明确的标准。因此，我们可能会见到将智能建筑称为"3A 建筑"或"5A 建筑"，甚至"7A 建筑"的现象。智能建筑是基于建筑物环境平台基础之上的三大基本子系统的有机集成所构成的智能化系统，三大基本子系统是前文所讲的楼宇自动化系统（Building Automation System，BAS）、通信网络系统（Communication Network System，CNS）和办公自动化系统（office Automation System，OAS）：

1. 通信网络系统（CNS）

通信网络系统用来保证建筑物（群）内、外各种通信联系畅通无阻，并提供网络支持能力。实现对话、数据、文本、图像、电视及控制信号的收集、传输、控制、处理与利用也把通信网络系统称为通信自动化系统（Communication Automation System，CAS）

2. 办公自动化系统（OAS）

办公自动化系统是服务于具体办公业务的人机交互信息系统。办公自动化系统由多功能电话机、高性能传真机、各类终端、PC、文字处理机、计算机、声像存储装置等各种办公设备、信息传输与网络设备和相应配套的系统软件、工具软件、应用软件等组成，并由这些办公设备与办公人员构成服务于某种办公目标的人机信息系统。

综上所述，智能建筑是信息时代的必然产物，是信息技术与现代建筑的有机集成。对应于上面的智能建筑定义，可以用如图 9-4 所示的图形通俗地描述。因此，智能建筑也简称为 3A 建筑，某些房地产开发商为吸引客，提出 FAS（消防自动化系统）、SAS（安全防范自动化系统）或 MAS（维保自动化系统），加上 3A，还有号称 5A，7A 建筑或更多 A 的建筑。但从国际惯例来看，BAS 也包括 FAS，SAS，BAS 一也包括 MAS。因此，采用 3A 的概念比较合适。

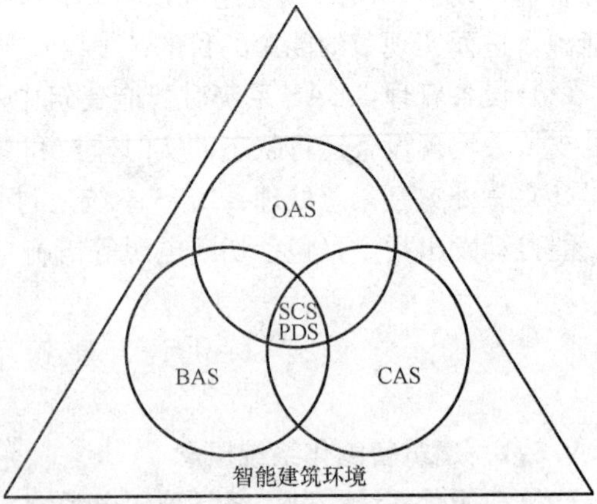

图 9-4 智能建筑的三个基本系统

9.3.3 建筑智能化系统工程

智能建筑分部工程分为通信网络系统、信息网络系统、建筑设备监控系统、火灾自动报警及消防联动系统、安全防范系统、综合布线系统、智能化系统集成、电源与接地、环境和住宅（小区）智能化等 10 个子分部工程；子分部工程又分为若干分项工程（子系统）。"智能"并非绝对的面面俱到，根据设计和需要，实际的建筑智能化系统可为其中的 1 个或者多个分项工程和系统集成，而各项工程和系统由相应设备和仪表作为支撑，如图 9-5 所示。

常见的建筑智能化系统分项工程有：卫星数字电视及有线电视系统、计算机网络系统、视频安防监控系统、入侵报警系统、出入口控制（门禁）系统、巡更管理系统、停车场（库）管理系统、空调与通风系统、公共照明系统、给排水系统、家庭控制器系统等，如图 9-6 所示。

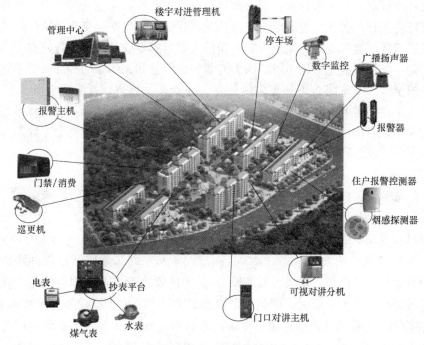

图 9-5　智能建筑小区的代表性设备仪表

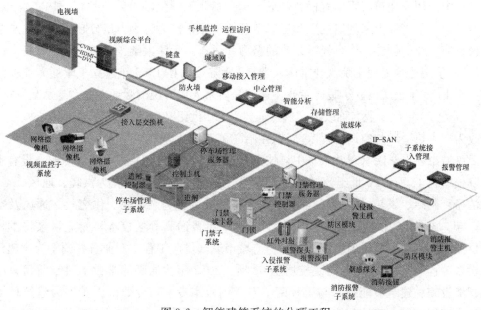

图 9-6　智能建筑系统的分项工程

第 10 章　专业教育与职业规划

前面各章概略介绍了本专业在国家发展战略的重要性，专业入门常识，建筑环境与调控，建筑环境工程，建筑环境健康与安全控制，建筑能源生产、交换及输配，建筑能源应用工程及建筑区域能源规划等基本内容，相信大家对本专业的内涵和外延有了一定的感性认识。但是，仅仅了解这些还不够，因为专业知识仅是知识体系的一部分，不能代表大学学习生活的全部。本章将告诉你更多的信息，如专业发展史，社会需要什么样的专业人才？你在大学期间需要学习哪些本领？我们通过什么样的培养体系和课程体系达成预定目标？通过四年学习你该具备什么样的职业素养？你该如何进行执业规划？以期建立大学学习生活的全貌，成为社会有用之才。

10.1　专业和个人发展须适应国家战略需求

10.1.1　专业发展简史

1952 年哈尔滨工业大学、清华大学、同济大学和东北工学院开始创办暖通专业，当时正式的专业名为"供热、供煤气及通风"。为了造就这个专业的师资队伍，从全国各地抽调青年教师在哈尔滨工业大学聘请前苏联暖通专家 BX·德拉兹多夫来华培养研究生，1953 年在哈尔滨工业大学组成了第一个暖通教研室。1956 年，由于全国高校院系大调整合并组建了西安建筑工程学院，1957 年教育部聘请前苏联专家、著名暖通教授马克西莫夫博士来中国西安建筑工程学院任教，继续加强东北工学院的本专业教育。1955 年以后，哈尔滨工业大学培养出来的研究生和进修生开始毕业，作为骨干力量分赴各高校，从事这些高校暖通专业的创建工作，经过几年的努力和运作，天津大学、太原工学院（现太原理工大学）、重庆建筑工程学院（现重庆大学）3 所院校均在 1956 年建立了暖通专业。湖南大学也于 1958 年正式设立了暖通专业，这就是后来人们常说的暖通专业"老八校"。

20 世纪 70 年代专业名称改为"供热通风"；20 世纪 70 年代后期，"供热通风"专业名称改为"供热通风与空调工程"，同期在哈尔滨工业大学、同济大学、北京建筑工程学院、武汉城市建设学院（现并入华中科技大学）等高校专门开始招收燃气专业，设有本专业的院校增至 16 所。20 世纪 80 年代后期，本专业方向进一步扩展为供暖、通风、空调、空气洁净、制冷、供热、供燃气，1987 年专业目录调整为"供热、供燃气、通风及空调工程"与"城市燃气供应工程"两个专业。1998 年普通高等学校本科专业目录将本科专业"供热、供燃气、通风及空调工程"与"城市燃气供应工程"专业合并调整为"建筑环境与设备工程"，设有本专业的院校增至 68 所。2012 年普通高等学校本科专业目录中把建筑智能设施、建筑节能技术与工程两个专业纳入本专业，专业范围扩展为建筑环境控制、城市燃气应用、建筑节能、建筑设施智能技术等领域，专业名称调整为"建筑环境与能源应用工程"。

目前，开设本专业的高校有近 200 所，每年招收本科学生 10000 人，研究生 1000 人，博士生 50 人，已形成完整、规范的教学体系及学士、硕士、博士、博士后流动站的人才培养体系。到 2012 年，已经有近 25 所高校具备了本专业的博士生培养资格，其中 18 所已经招生，硕士、博士点名称为"供热、供燃气、通风及空调工程"。已有博士生招生的学校有：哈尔滨工业大学、清华大学、湖南大学、西安建筑科技大学、同济大学、重庆大学、西南交通大学、东南大学、天津大学、大连理工大学、中南大学、华中科技大学、东华大学、上海交通大学、四川大学。

10.1.2 专业发展须适应国家战略需求

1. 民不聊生不可能诞生暖通专业

新中国成立以前的中国，内忧外患，社会动荡，经济落后，民生凋敝。国家的最高战略是推翻封建统治，抵御外国入侵，供暖和空调仅是极少数达官贵人的奢侈品。直到 1901 年，我国才出现了第一套集中供暖系统；1915 年袁世凯称帝时在故宫太和殿安装的集中供暖系统是由德国西门子公司承建的。空调系统较集中供暖系统出现更晚，我国最早的空调系统出现在 20 世纪 20～30 年代的大上海。1931 年我国首次在上海纺织厂安装了带喷水室的空气调节系统。随后日本入侵，二战爆发，八年抗战，解放战争胜利到新中国成立，基本无暇顾及民生问题，即使有寥寥的供暖空调应用，也是为运转战争机器服务的，技术需求和人才需求不足以支撑暖通专业的生存和发展。

2. 国家战略决定专业兴衰

新中国成立以后，百废待兴，我国开始了有计划、大规模的经济建设，制定了国民经济发展的第一个五年计划。为了解决第一个五年计划的 156 项重点建设项目（建立我国的重工业基地和国防工业基地）的"三北地区"供暖问题，工厂通风与建筑空调问题，急需大量的工程技术人才，在哈尔滨工业大学、清华大学、同济大学、东北工学院（转入现西安建筑科技大学）、天津大学、重庆建筑工程学院（并入重庆大学）、太原工学院（现太原理工大学）、湖南大学八所高校先后设立"供热、供煤气及通风"专业，它们散布在华北、东北、华东、华中、西北、西南等几大行政区域，形成了与当时的我国社会经济发展相适应、以保障工业生产环境和城市建设结合的本专业高等技术人才培养的基本格局。可见，国家发展的战略需求是专业诞生的原动力。

经过几年实践，发现了不少问题，首先是学制太长（前苏联的学制为 5 年制）、计划总学时太多，教学内容有太多不符合我国具体情况。1958 年，国内提出了"教育为无产阶级政治服务，教育与生产劳动相结合"的方针，掀起了一场大规模的教育改革，开办暖通专业的各院校根据各自的经验和对政策的理解，解放思想，大胆改革，对专业教学进行了积极的探索。经过改革以后，课程设置有了很大的变化，在"削枝保干"思想的指导下，有关土建方面的课程，如工程结构、结构力学、测量学等课程都被省略，原"供暖通风"课程则分成了"供暖与供热工程"、"工业通风"和"空调工程"3 门课程；大多数学校把"供煤气"这个分支也削去了，成为后来专业名称"供热通风与空调工程"的雏形。之后，随着城市燃气事业的发展，在部分学校里又另外单独设立了"燃气工程"专业。可见专业人才培养必须与国家战略需求相适应。

"文化大革命"导致专业发展停滞不前甚至倒退。这段时间国家的战略需求已经转移到阶级斗争为纲，经济发展退居其后，没有专业人才需求。教育领域一些学术上有成就的专家、教授，均遭到无情打击，身心受到极大的摧残，有的被迫害致残、致死。高等学校由1965年的434所减为1971年的328所，减少106所，高等学校有四年停止招生（1966～1969）；1970年和1971年开始试点招收工农兵学员，每年只招4.2万人。后来虽然有所增加，但是招收的学生大多数只有相当初中甚至不到初中文化水平。学制由"文革"前的4～6年缩短为2～3年。可见，专业的荣辱兴衰与国家战略需求息息相关。

3. 改革开放促专业大发展

1978～1998年，是我国暖通专业教育大力发展的时期。党的十一届三中全会以后，国家进入了一个新的历史发展时期，国民经济和社会生活的秩序逐渐回到正常的轨道上来，经济的发展也推动着文化教育事业的发展。暖通专业教育从20世纪80年代开始，经历了由弱到强、由小到大、由点到面的跨越式发展。在短短的20多年间，设有暖通专业本科的高等院校，从原来的"老八校"迅猛发展为100多所院校，设有专科的高校也有近100所。在这期间，本专业国际范围的人才培养合作与学术交流越来越活跃，在国际上的影响日益扩大，地位也日渐提高。

4. 新时期呼唤专业内涵与时俱进

1998年以后，随着改革开放的深入和社会主义市场经济体制的逐步建立，特别是中国加入WTO后，知识经济和全球化的趋势越来越明显。为适应新的形势，1998年，教育部颁布了新的普通高等学校本科专业目录，根据科学规范设置本科专业、拓宽专业口径、增强适应性、加强专业建设和管理、提高办学水平和人才培养质量的要求，对原有专业进行了大幅度削减和合并、调整，将原来的504种专业减少至249种。本领域密切相关的两个专业——供热通风与空调工程、城市燃气工程进行合并，增加建筑给排水、建筑电气等内容，形成的新专业定名为"建筑环境与设备工程"。

另一方面，改革开放20年的直接成果是社会经济的进步和人民生活水平的提高，昔日体现身份地位的暖通空调"王谢堂前燕"，如今飞入寻常百姓家。故在这样的背景下，本专业的内涵和服务对象都有显著的变化，以满足工作和生活要求室内环境更舒适、更健康、更自然、更能提高工作效率和生产水平。

因此，这段时间专业发展的黄金期是建立在国家全球化发展战略和提升工作生活水平的需求上。

5. 专业名称不断更新源于国家需求

近年来，随着我国经济的转型和社会结构的转轨，以及市场经济体制的基本确立，人们的经济收入有了空前的提高，生活工作水平大为改善，空调普及率在城市达到99%；家用电器等各种能耗飞升，一方面能源紧缺问题上升到国家战略层面，另一方面建立在消耗大量化石能源基础上的发展导致环境问题越来越突出，空气污染、酸雨酸雾、PM2.5、水污染等，变成影响国家形象和普通百姓健康的大问题。因此，2012年普通高等学校本科专业目录中把建筑智能设施、建筑节能技术与工程两个专业纳入本专业，专业范围扩展为建筑环境控制、城市燃气应用、建筑节能、建筑设施智能技术等领域，专业名称调整为"建筑环境与能源应用工程"。这不是简单的更名，它体现了国家战略需求，也意味着专业内涵大的变化。

以上说明，专业的荣辱兴衰与国家发展战略和社会需求密不可分。

10.1.3 个人发展须敏锐洞察国家需求

专业的兴衰脱离不了国家战略需求的制约，大学生作为专业的一分子，其成功的先决条件是能够认识这个大方向。

大学生不能"两耳不闻天下事，一心只读圣贤书"，还需敏锐洞察国家和社会需求。首先，从国际发展趋势和国家发展战略看，能源和环境问题是两个重要瓶颈。建筑的可持续性发展，要求满足室内能耗最少，对室内外环境的影响最小，舒适、健康、方便、协调、美观、合理的建筑，即"绿色建筑"将成为 21 世纪建筑的主流，而建筑环境与能源应用工程专业将会大有用武之地，专业学科的综合性、交叉性、边缘性会越来越明显，它的研究领域也会迅速扩大，要创建一个良好的建筑环境，越来越需要本专业的人才有综合知识和能力。其次，从社会群体需求演变看，建筑环境与人的感觉和健康密切相关。建筑最初的要求只是遮日御寒；工业革命之后，随着科技的发展，人们开始追求"豪华"、"舒适"的建筑环境，空调、电梯、豪华装饰日渐增多。21 世纪的社会是信息化的社会，从事脑力劳动的人越来越多，相当多的人长期在建筑内生活、学习与工作。而现代建筑由于功能越来越复杂，所需要的建筑设备越来越多，加之建筑非常密闭，造成室内环境恶化而建筑能耗增加，因此，本专业将在改善建筑环境和降低能耗方面大有可为。其三，从建筑内部看，作为一个通过利用能源来创造室内环境的专业，随着时代的进步，传统的水、暖、电被赋予了越来越多的专业内涵，它已不再是一般的生活供水、供暖、照明。建筑设备系统中的水系统和水质处理、室内空气品质的控制和环境的可调节性能、网络通信及楼宇自动控制、保安、消防等，都扩展了本专业的专业范围。特别是以满足和实现人所需要的各种功能为主要特征的现代智能建筑，对建筑环境与能源应用系统提出了更高、更广泛的需求，而现代建筑本身也依赖良好的建筑环境与建筑设备去实现和强化日益扩大的建筑功能，现代建筑中所安装的各种设备之间的相互关联、有机整合，日益表现出密不可分的趋势，共同创造良好的室内环境。社会越来越需要综合能力和最新知识的人才。

如果你对国家与社会需求了如指掌，那么你的大学学习就不会迷失方向，能够主动学习相关知识，完善知识结构，寻找长远发展的突破口，为职业生涯奠定坚实的基础。

10.2 工程师应该具备哪些基本素养？

本专业属于工程技术领域，本科教育的培养主要目标是工程师（不排除其他选择），但工程师首先是一个社会人，要把设计意图转变成具体的工程实践，远远不能仅以专业水平衡量。那么作为一名合格的工程师，应该具备哪些基本素养呢？

10.2.1 精气神素养

精是构成人体、维持人体生命活动的物质基础；气是生命活动的原动力；神是精神、意志、知觉、运动等一切生命活动的最高统帅。它包括魂、魄、意、志、思、虑、智等活动，通过这些活动能够体现人的健康情况。精、气、神三者之间是相互滋生、相互助长的，它们之间的关系很密切。因此，古人称精、气、神为人身"三宝"是有一定道理的。古人有"精脱者死，气脱者死，失神者死"的说法，以此也不难看出"精、气、神"三者是人生命存亡的根木。具体体现在以下几个方面：

1. 思想素养好

一名合格的工程师首先需具有强烈的社会责任感、科学的世界观和正确的人生观，求真务实、踏实肯干的工作风，高尚的职业道德。具有可持续发展的理念和工程质量与安全意识。

2. 学习能力较强、适应环境较快

学习是一个广泛的概念，生活、工作本身就是一门学问，能否快速地适应环境，能否创造性地开拓思路，打开新环境下的工作局面，体现的是一个人的学习能力。综合素质强的人，继续学习的能力也强。上大学的目的是传授方法、训练思维、开启智慧，能够把所学的理论用于实际，在工作中能用理论来解决实践问题，在实践中碰到难题能创造性地利用理论加以解决。

3. 良好的合作意识和团队精神

没有良好的合作意识和团队精神的人，绝不是一个合格的人才。建筑环境与能源应用工程专业，培养的是面向应用的实践型的工程师，现代大型的工程项目和复杂的工作环境，往往需要依靠团队的力量，团队之间需要良好的沟通和交流、合作。因此，大学生要宽容地看待周围的一切人和事，对自己严格要求，对他人坦诚相待，懂得替他人着想，懂得关心爱护他人，正确对待别人的批评意见，克服自身缺点，适时调整心态，多和老师同学交流，增进人与人的感情与理解。

如何在大学期间培养锻炼这方面的素养呢？在保证课堂学习的基础上，尽可能多地参与丰富多彩的校园文化活动，包括组织和参加文艺、体育比赛活动，如演讲赛、辩论赛、篮球、足球、拔河、接力赛、社会实践等活动，不仅对学习、生活、心理起到良好的调节作用，而且对规范学生的行为习惯，促进学生全面素质的提高也起到潜移默化的作用。抓住各种机会，尽可能地融入集体中去，增强同学之间的交流机会，搭建彼此交流和沟通的平台，在集体活动中培养团结协作的意识和拼搏精神，增强集体荣誉感和归属感。

4. 培养创新、创造、创业的精神

创新包括：创新意识、创新精神、创新思维和创新能力。人类社会发展的历史，就是不断创新的历史。要创新，首先要树立创新意识，要破除创新神秘感。每个正常人生来都有创新的潜能。著名教育家陶行知先生早在20世纪40年代就提出了"人人是创造之人"的论断。在知识经济时代，创新成为人才最重要的素质之一。培养更多的创新型、创业型、复合型的社会需要的高层次人才，营造良好的创新创业氛围，强化大学生的创业意识，提高创业者的综合素质，需要通过以学生自主性活动为主的实践。大学生应该努力培养自己的创新能力、创造能力和创业精神。创业是指用创新精神去开拓一种新的基业、产业或职业。因此，创业带来的直接结果就是新的企业、职业、产业的出现，而一个新的企业的诞生，一种新的职业的产生或者一个新的产业的兴起对地区经济社会发展则起着重要的推动作用。创业本身就是一种创新，有人把创业者所必备的素质要求总结为"十商"，即：德商、智商、财商、情商、逆商、胆商、心商、志商、灵商、健商，这10种能力素质较为全面地概括了创业者的综合素质能力。创业教育作为高等教育发展史上一种新的教育理念，是知识经济时代培养大学生创新精神和创造能力的需要，是社会和经济结构调整时期人才需求变化的要求。现在，很多大学都非常重视学生的"创业教育"，开设了一些"商务沙龙"之类的创业平台。但是，创业并不是头脑发热的"下海"，也不是普通的专业性比赛或科研设计，而是要求学生能结合专业特长，根据市场前景和社会需求搞出自己的创新成果，并把研究成果转化为产品，创造出可观的经济效益，由知识的拥有者变为社会创造价值、做出贡献的创业者，其本质是"知识就是力量"，把知识转化为生产力。

5. 人格健全、心理健康

健全的人格，良好的心理素质已成为素质教育最基本的环节。据相关部门统计，全国 $25\%\sim30\%$ 的在校大学生有不同程度的心理障碍，$6\%\sim8\%$ 的在校大学生有心理疾病，而大学生由于心理失衡而引发的惨剧更令人触目惊心。由于经济、学业、情感、就业等引起的心理失衡乃至人格分裂和行为障碍，已成为扼杀大学生成才的极大阻力，我们应倡导自信、自强、友善、诚信的生活理念和健全人格，鼓励大学生自立自强、乐观向上、艰苦奋斗、逆境成材，以正确的心态对待生活困难、挫折和社会各种现象，化生活困难为学习动力，接受价值观念多元化的趋势，靠自己的努力创造辉煌的明天。

10.2.2 知识与能力素养

1. 完善的知识结构

知识结构是指包括专业知识在内的所有知识的统称。作为一名合格的工程师，仅有专业知识是不够的，还得具备其他方面丰富的知识，才能发展得更好，做得更出色。如必须具有基本的人文社会科学知识，熟悉哲学、政治、经济、法律方面的知识，具有基本的人文社会科学知识，了解文学、艺术；具有扎实的数学、物理化学自然科学基础，了解现代信息环境科学的基本知识，了解当代技术发展主要方面和应用前景；掌握工程力学（理论和材料）、电子及机械设计、自动控制等有关工程技术基础的知识和分析方法。诺贝尔奖获得者李政道博士说："我是学物理的，不过我不专看物理书，还喜欢看杂七杂八的书。我认为，在年轻的时候，杂七杂八的书多看一些，头脑就能比较灵活。"大学生建立良好的知识结构，要防止知识面过窄的单打一偏向。原国务院副总理李岚清是学工程技术的，但是他对音乐也有较高的造诣，退休后还出版音乐方面的论著。

2. 专业能力素养

专业知识和能力是一名合格工程师安身立命的本领，必须具有扎实的专业能力，具体在以下几个方面：

（1）具有应用语言（包括外语）、图表、计算机和网络技术等进行工程表达和交流的基本能力。

（2）具有综合应用各种手段查询资料、获取信息的能力，以及拓展知识领域、继续学习的能力。

（3）具有一定的国际视野和跨文化环境下的交流、竞争与合作的初步能力。

（4）具有综合运用所学专业知识与技能，提出工程应用的技术方案、进行工程设计以及解决本专业一般工程问题的能力。

（5）具有使用常规测试仪器仪表的基本能力。

（6）具有能够参与施工、调试、运行和维护管理的能力，具有进行产品开发、设计、技术改造的初步能力。

（7）具有应对本专业领域的危机与突发事件的初步能力。

每个人都有自己的优势和劣势，但一个学习能力强的人可以通过训练，弥补他的不足。学生在校期间，最重要的一项任务就是学习。大学老师讲课时，需要在有限的学时中完成教学大纲要求，很难面面俱到，加上当今科学技术迅猛发展，教师可能还要补充许多课外知识。因此，知识学不尽，拥有继续学习的能力则是最重要的。

10.2.3　体质素养

一名合格的工程师必须具有健康的体魄，掌握保持身体健康的体育锻炼方法，能够胜任并履行建设祖国的神圣义务，能够胜任建筑环境与能源应用工程专业的工作。否则，纵有一腔热忱和满腹经纶，也无法回报国家和社会。

10.3　如何培养专业能力？

在大学 4 年的学习中，大学将如何使你有更好的精气神素养，向你传授知识、培养能力呢？对于精气神素养方面，学校通过各种课外活动、专业教学和实践性教学环节中提供平台引导，但主要靠自己有意识地慢慢修炼；对于知识传授和能力培养，学校具有完善的专业教学体系，下面着重对专业知识和能力培养方法进行介绍。

10.3.1　如何教授专业知识？

本专业知识体系由知识领域、知识单元以及知识点三个层次组成；每个知识领域（文、理、工、经、管、法）包含若干个知识单元（课程），知识单元是本专业知识体系的技术知识支撑，每个知识单元中又包含若干知识点，是学生应该重点掌握的理论与技术知识。

在实际操作层面，大学一般是按照四个类别组织教学的，包括：通识知识教学；自然科学和工程技术基础知识教学；专业基础知识教学；专业知识教学（表 10-1）。其中第一、二类教学任务一般由学校或同学院专业以外的教师担任；第三、第四类教学任务由本专业的教师承担；知识体系教学的基本载体为课程，形式为课堂教学。

从表 10-1 中的主要课程可以看出，其课程设置已经基本涵盖了全部知识结构。

建筑环境与能源应用工程专业的知识体系教学　　　　　　　　　　　表 10-1

序号	教学类别	教学的主要课程
1	通识知识	外国语、信息科学基础、计算机技术与应用
2	自然科学和工程技术基础知识	政治历史、伦理学与法律、管理学、经济学、体育运动及军事理论与实践
3	专业基础知识	工程热力学、传热学、流体力学、区域建筑能源规划、热质交换原理与设备、流体输配管网
4	专业知识	暖通空调或燃气应用、冷热源或燃气储存与输配、工程施工与管理、系统自动化、测试技术

10.3.2　如何培养专业能力？

学生的专业能力主要是指运用专业知识解决实际问题的能力，主要通过一系列实践教学来达成培养目标。实践教学体系由实验、实习、设计、课外科技活动等内容（表 10-2）。实践教学体系的作用主要是培养学生具有实验基本技能、工程设计和施工的基本方法和技能，科学研究的初步能力等。

1. 实验

实验包括公共基础实验、专业基础实验、专业实验等。公共基础实验参照学校对工科学科的要求，统一安排实验内容。

专业基础实验有：建筑环境学、工程热力学、传热学、流体力学、热质交换原理与设备、流体输配管网等课程实验。

建筑环境与能源应用工程专业的知识实践体系教学   表 10-2

序号	教学类别	教学的主要课程
1	实验	公共基础实验:自然科学与工程技术基础的教学实验; 专业基础实验:建筑环境与能源应用工程专业基础知识的教学实验; 专业实验:建筑环境与能源应用工程专业知识的教学实验
2	实习	金工实习:机械制造各工种(车、钳、铣、磨、焊、铸等); 认识实习:专业设施、设备、运行系统的参观; 生产实习:专业实施、设备、运行系统的工程实践; 毕业实习:专业工程设计或科研项目的专题实习
3	设计与论文	课程设计:专业工程方案设计; 毕业设计:专业工程方案与施工设计; 毕业论文:专业技术问题研究
4	课外科技活动	大学生创新训练(自选)

专业实验有：暖通空调或燃气应用、建筑冷热源或燃气储存与输配、建筑设备与能源系统自动化、建筑环境与能源应用工程测试技术等课程实验。

专业基础实验、专业实验可能采用设置专门的实验课程或随课程设置，实验课程设置的学分不低于 2 学分。

实验的基本要求：①掌握正确使用仪器、仪表的基本方法；正确采集实验原始数据；正确进行实验数据处理的基本方法；②熟悉常用的仪器仪表、设备及实验系统的工作原理；对实验结果具有初步分析能力，能够给出比较明确的结论；③了解实验内容与知识单元课程教学内容间的关系。

2. 专业实习

专业实习包括：金工实习；认识实习；生产（运行）实习；毕业实习。各学校可以根据自身特点对实习进行统筹安排及有所侧重。金工实习参照学校对工科学科的要求，统一安排实习内容，一般不少于 3 周。

认识实习一般不少于 1 周，基本要求为：①了解本专业建筑环境及其设备的知识要点和教学的整体安排，了解本专业的研究对象和学习内容；②增加对本专业的兴趣和学习目的性，提高对建筑环境控制、城市燃气供应、建筑节能、建筑设施智能技术等工程领域的认识，为专业课程学习做好准备。

生产实习一般不少于 2 周，基本要求为：①了解本专业施工安装过程，主要专业工种，工程设计、施工、监理、运行管理和设备生产等过程的工作内容，常用的技术规范、技术措施、验收标准等内容；②增加对建筑业的组织机构、企业经营管理和工程监理等建立感性认识，增强对专业课程中有关专业系统、设备及其应用的感性认识等。

毕业实习一般不少于 2 周，基本要求为：①了解本专业工程的设计、施工、运行管理等过程的工作内容，专业相关新技术、新设备和新成果的应用，有关工程设计、施工和运行中应注意的问题；②增强对专业设计规范、标准、技术规程应用的认识。

3. 专业设计

专业设计包括：专业课程设计，总周数不少于 5 周；毕业设计（或毕业论文），不少于10周。

课程设计的基本要求：①掌握工程设计计算用室内外气象参数的确定方法，方案设计的基本方法，方案设计所需负荷计算、设备选型、输配管路设计、能源供给量等的基本计算方法；②熟悉设计方案、设计思想的正确表达方法，熟悉建筑参数、工艺参数、使用要求与本专业工程设计的关系；③了解工程设计的方法与步骤，所设计暖通空调与能源应用工程系统的设备性能等，工程设计规范、标准、设计手册的使用方法。

毕业设计的基本要求：①掌握工程设计方法，建筑负荷计算、设备选型、输配管路设计、能源供给量等的计算方法，工程图纸正确表达设计思想的方法；②熟悉工程设计规范、标准、设计手册的使用方法；③了解所设计暖通空调与能源应用工程系统的设备性能、运行调节；所做工程设计的施工安装方法及所做工程的投资与效益。

毕业论文的基本要求：①掌握科研论文写作的基本方法和科研工作的基本方法；②熟悉科研论文正确表达研究成果的方法，使用试验研究的仪器仪表、系统装置，研究中所使用的分析方法，表达试验研究成果的基础数据；③了解所研究问题的技术背景和研究成果的用途。

4. 大学生创新训练

提倡和鼓励学生积极参加大学生课外科技创新活动和本专业组织的国际、国内大赛。

通过以上知识体系教学、实践体系教学环节，再加上同学的积极配合，就基本上具备一名工程师的职业素养和专业知识能力，可以步入社会从事相关工作了。

10.4　如何进行职业规划？

调查结果显示，对自己将来如何一步步晋升、发展没有设计的占62.2%；有设计的仅有37.8%，而其中有明确设计的仅占19%。经过10年艰苦步入"象牙塔"的新生，部分人抱着大一、大二先轻松一下，到大三、大四再努力也不迟的心理，虚度了光阴，毕业找工作时，就少了一分淡定，更多的是慌乱。

1. 学生职业（学业）规划的必要性

在美国等西方国家，大学的职业培训系统非常完善，各个大学都有职业指导中心。职业规划对许多中国教师和家长比较陌生，但毫无疑问，大学生需要尽早做好自己的职业（学业）规划，以便在将来的竞争中立于不败之地。

职业对大多数成人来说，都是生活的重要组成部分。个人的职业规划并不是一个单纯的概念，每个人要想使自己的一生过得有意义，都应该有自己的职业规划，特别是对于大学生而言，正处在对个体职业生涯的探索阶段，这一阶段的职业选择对大学生今后职业生涯的发展有着十分重要的意义。乔治·萧伯纳曾这样说过："征服世界的将是这样一些人：开始的时候，他们试图找到梦想中的乐园，最终，当他们无法找到时，就亲自创造了它。"但是，职业既不像家庭那样成为我们出生后固有的独特的社会结构，也不像货架上的商品那样，可以让我们随意挑选。大学生进行职业规划的意义在于寻找适合自身发展需要的职业道路，实现个体与职业的匹配，体现个体价值的最大化。一个没有计划的人生就像一场没有球门的足球赛，对球员和观众都兴味索然。

2. 职业（学业）规划的方法

（1）认识自我、明确定位

大学生进行职业（学业）规划时，最重要的是清醒地认识自我，给自我进行明确的人生定位。自我定位和规划人生，就是明确自己"我想干什么"、"我能干什么"、"我的兴趣和爱好是什么"、"我的特长是什么"、"社会可以提供给我什么机会"、"社会的发展趋势是什么"等诸如此类的问题，使理想可操作化，为介入社会提供明确的方向和定位。定位，就是给自己亮出一个独特的招牌。这就需要进行自我分析，首先是明确自己的能力大小，给自己打打分，看看自己的优势和劣势，对自己的认识分析一定要全面、客观、深刻，绝不回避缺点和短处，解决"我能干什么"的问题。下面以即将毕业大学生进行职业规划所必须思考的问题，启发低年级大学生应该如何制定学业和自我提升规划。

1）我学习了什么？在校期间，我从学习的专业中获取些什么收益；参加过什么社会实践活动，提高和升华了哪方面知识、能力。专业教育是获取知识的方法和能力培养，也许在未来的工作中并不起多大作用，但在较大程度上决定自身的职业方向，因而尽自己最大努力学好专业课程是生涯规划的前提条件之一。因此，绝不能否认知识在人生历程中的重要作用，一个人所具备的专业知识是他得到满意工作结果的前提条件之一。

2）我曾经做过什么？经历是个人最宝贵的财富，往往从侧面可以反映出一个人的素质、潜力状况。如在大学期间担任学生会干部、曾经为某知名组织工作过等社会实践活动所取得的成绩及经验的积累、获得过的奖励等。

3）我最成功的是什么？大学期间我做过很多事情，但最成功的是什么？为何成功？是偶然还是必然？是否自己能力所为？通过对最成功事例的分析，可以发现自我优越的一面，譬如坚强、果断、智慧超群，以此作为个人深层次挖掘的动力之源和魅力闪光点，形成职业规划的有力支撑；寻找职业方向，往往是要从自己的优势出发，以己之长立足社会。

4）我的弱点是什么？人无法避免与生俱来的弱点，必须正视，并尽量减少其对自己的影响。譬如，一个独立性强的人会很难与他人默契合作，而一个优柔寡断的人绝对难以担当组织管理者的重任。卡耐基曾说："人性的弱点并不可怕，关键要有正确的认识，认真对待，尽量寻找弥补、克服的方法，使自我趋于完善。"清楚地了解自我之后，就要对症下药，有则改之，无则加勉。重要的是对劣势的把握、弥补，做到心中有数。因此，要注意经常需要安下心来，多找机会和别人交流，尤其是与自己相熟的如父母、同学、朋友等交谈，看别人眼中的你是什么样子，与你的预想是否一致，找出其中的偏差，这将有助于自我提高。对自己的弱点千万不能采取鸵鸟政策，视而不见。相反，必须认真对待，善于发现，并努力克服和提高。那么，在大学期间，要针对自身劣势，制订出自我学习的具体内容、方式、时间安排，尽量落于实处，便于操作。

（2）确定职业（学业）目标

每一个人都应该知道自己在现在和将来要做什么。对于职业目标的确定，需要根据不同时期的特点，根据自身的专业特点、工作能力、兴趣爱好等分阶段制定。许多人在大学时代就已经形成了对未来职业的一种预期，然而他们往往忽视对个体年龄和发展的考虑，就业目标定位过高，过于理想化。以本专业来说，沿海经济发达地区，建筑产业蓬勃发展，专业就业情形不错，但相当数量的学生只盯着公务员职业，而且只盯着大城市，对中小型的城市，就算处于经济发达地区，也都不愿意去就业，盲目地攀高追求与不求实际的

"这山望着那山高"。还有学生，在"骑驴找马"的过程中，不是珍惜"驴"所提供的资源和条件，而是一边找"马"，一边虐待"驴子"，缺乏敬业意识，非常愚蠢，也是职业目标不确定的一种表现。这些想法和行为不仅会影响个人的初次就业，更会对个人以后的职业发展造成不利的影响。

职业生涯目标的确定，是个人理想的具体化和可操作化。按照马斯洛的需求层次理论，人一般具有生理需求（基本生活资料需求，包括吃、穿、住、行、用）、安全需求（人身安全、健康保护）、社交需求（社会归属意识、友谊、爱情）、尊重需求（自尊、荣誉、地位）、自我实现需求（自我发展与实现）5种依次从低层次到高层次的需求。职业目标的选择并无定式可言，关键是要依据自身实际，适合于自身发展。值得注意的是伴随现代科技与社会进步，个人要随时注意修订职业目标，尽量使自己职业的选择与社会的需求相适应，一定要跟上时代发展的脚步，适应社会需求，才不至于被淘汰出局。

（3）进行职业和社会分析

在发展迅速的信息社会，社会需求和职业前景是职业规划的重要影响因素，因此，必须根据自身实际及社会发展趋势，把理想目标分解成若干可操作的小目标或阶段目标，灵活规划自我。

1）社会分析：社会在进步、在变革，作为即将进入社会的大学生们，应该善于把握社会发展脉搏：当前社会、政治、经济发展趋势；社会热点职业门类分布及需求状况；本专业在社会上的需求形势；自己所选择职业在目前与未来社会中的地位情况；社会发展对自身发展的影响；自己所选择的单位在未来行业展中的变化情况，在本行业中的地位、市场占有率及发展趋势等；对这些社会发展大趋势问题的认识，有助于自我把握职业社会需求、使自己的职业选择紧跟时代脚步。

2）就业单位分析：当然这个分析可以放到找到工作后才进行。就业单位将是你实现个人抱负的舞台，就需要了解所就业公司的文化，公司是否具有发展前景，等等。根据职业方向选择一个对自己有利的职业和得以实现自我价值的单位，是每个人的良好愿望，也是实现自我的基础，但这一步的迈出要相当慎重。一些国际化大公司（如西门子公司）就特别鼓励优秀员工根据自身能力设定发展轨迹，一级一级地向前发展。他们认为最好的人才是"有很好的人生目标，不断激励自己"，并提出"员工是企业内的企业家"的口号，给员工以充分的决策、施展才华的机会。

3）人际关系分析：个人处于社会复杂环境中，不可避免地要与各种人打交道，因而分析人际关系状况显得尤为必要。现在，一些大学生的社会实践少，实际解决问题的能力弱，只学到书本知识，没有掌握学习方法，缺乏团队精神，也缺乏人际沟通能力和建立人际关系的能力。人际关系分析应着眼于个人职业发展过程中将与哪些人交往；其中哪些人将对自身发展起重要作用；工作中会遇到什么样的上下级、同事及竞争者，对自己会有什么影响，如何相处、对待等。

（4）明确职业方向

通过以上自我分析认识，我们要明确自己该选择什么职业方向，即解决"我选择干什么"的问题——这是个人职业规划的核心。职业方向直接决定着一个人的职业发展。职业方向的选择应按照职业生涯规划的四项基本原则，结合自身实际来确定，即选择自己所爱的原则（你必须对自己选择的职业是热爱的，从内心自发地认识到要"干一行，爱一行"。

只有热爱它，才可能全身心地投入，做出一番成绩），择己所长的原则（选择自己所擅长的领域，才能发挥自我优势，注意千万别当职业的外行），择世所需的原则（所选职业只有为社会所需要，才有自我发展的保障）和"服务社会、实现自我"的原则（应该本着"利己、利他、利社会"的原则，选择对自己合适、有发展前景的职业）。

（5）规划未来

1）立足现在、规划未来：对一个具有良好教育背景的人，不应该只看到眼前的那么一点利益，志向应该远大一些。有的学生发展受一点小挫折就怨自己没有背景。实际上，在工作的过程中，总有人脱颖而出，但脱颖而出的人大多不是养尊处优者。家庭条件好，只不过是多一些可以利用的资源罢了。"人生最大的困扰就是甘于平庸"，而不是有没有深厚的家庭背景。"七十二行，行行出状元"，在大学生的人生事业中，只要有理想、有毅力、善思考，谁能否定他们会有一个辉煌的未来？

2）规划未来，就是如何规划和预测个人从低到高一步一个脚印拾阶而上，预测工作范围的变化情况。如何应对未来工作中的挑战，如何改变自己的努力方向，以及如何分析自我提高的可靠途径。如某人想从事销售工作并想有所作为，那么他的起步可以从业务代表做起，在此基础上努力，经过数年逐步成为业务主管、销售区域经理、销售经理，最终达到公司经理的理想生涯目标。

3. 学生职业规划的步骤

大学生职业生涯规划包括 4 个步骤：评估自我、确定短期和长期目标、制订行动计划和内容、选择需要采取的方式和途径等。在此，可以借鉴美国职业指导专家霍兰德所创的职业性向测验，他把个性类型分为现实型、研究型，艺术型、社会型、企业型和常规型 6 种类型，任何一种个性大体上都可以归属于其中一种或几种类别的组合。通过类似的职业性向测验，能够更好地将大学学业生涯与未来职业规划匹配。

1）一年级为试探期：要初步了解专业（职业），特别是自己未来所想从事的职业或自己所学专业对口的职业，提高人际沟通能力。具体活动可包括多和学长们进行交流，尤其是大四的毕业生，了解他们的就业情况。大一学习任务还不重，要多参加学校的活动，增加交流技巧，学习计算机知识，争取能够通过计算机和网络辅助自己的学习，多利用学生手册，了解学校的相关规定。为可能的转专业，获得双学位、留学计划做好资料收集及课程准备工作。

2）二年级为定向期：应考虑清楚未来是否继续深造或就业，了解相关的活动，并以提高自身的基本素质为主，通过参加学生会或社团等组织，锻炼自己的各种能力，同时检验自己的知识技能；可以开始尝试兼职、社会实践活动，最好能在课余从事与自己未来职业或本专业有关的工作，提高自己的责任感、主动性和受挫能力，增强英语口语能力，增强计算机应用能力。通过英语和计算机的相关证书考试，并开始有选择地辅修其他专业的知识充实自己。

3）三年级为冲刺期：因为临近毕业，所以目标应锁定在提高求职技能、搜集公司信息，并确定自己是否报考研究生。如果准备考研，则需要开始收集一些考研的信息，为考研做准备。可利用寒、暑假参加一些和专业有关的工作，和同学交流求职工作的心得体会，练习写求职简历、求职信，了解搜集工作信息的渠道，并积极尝试加入校友网络，和已经毕业的校友、师兄师姐谈话了解往年的求职情况；希望出国留学的学生，可多接触留学顾问，参与留学系列活动，准备 TOEFL（托福）、GRE（美国研究生入学考试）、IELTS（雅思）等考试，注意留学考试资讯，这些可向相关教育部门索取简章进行参考。

4）四年级为分化期：找工作的就找工作、考研的就考研、出国的就出国，不能再犹豫等待，否则可能失去目标。大部分学生的目标应该锁定在工作申请及成功就业上。这时，可先对前几年的准备做一个总结：首先检验自己已确立的职业目标是否明确，前三年的准备是否已充分；然后，开始毕业后工作的求职，积极参加招聘活动。在实践中检验自己的知识积累和工作准备；最后，预习或模拟面试。积极利用学校提供的条件，了解就业指导中心提供的用人公司资料信息，强化求职技巧、进行模拟面试等训练，尽可能地在做出较为充分准备的情况下进行参加求职面试。

从试探期到分化期，4 个年级侧重点不同，选择需要采取的方式和途径也不尽相同，要根据自己的长期目标因人而异。人生的伟大目标都是从养活自己开始，立足生存，追求梦想，这就是从平凡的工作干起的基本意义所在。

10.5 如何寻找满意的工作？

工作有两个载体：一个是单位类别，二是工作性质。总体来看，目前大学毕业生的就业渠道主要有国企、民企、外企、公务员 4 种。根据新浪网的一项调查："刚走出大学校园的你，在找工作时首选什么？"共有 6070 人参加。结果首选"公司、企业"的占59.14%，有 3590 人；选择"政府部门、国家机关"的占 26.21%，有 1591 人；选择"无所谓"的占 8.57%，有 520 人；选择"个人自主创业"的占 6.08%，有 369 人。这个选择基本上反映了当代大学生的就业方向和就业意愿。下面来简单分析一下不同就业单位类别的特点。

1. 国企

总的来说，国企规模一般较大，结构复杂，职位稳定，福利制度完善，工作时间明确。工作压力相对较小，但企业制度比较僵化，且人际关系相对复杂，除垄断型国企外，薪酬并不具有竞争力。

2. 民企

即民营企业与私人企业，企业规模结构一般小于国企，工作任务较大，福利不是很完善，对人员要求更严格一些，压力较大。民企近来发展迅速，相当多的民企越来越规范，薪酬也很有竞争力，这为刚刚加入的大学生提供了迅速成长和接受多方面挑战的机会。

3. 外企

由中外合资企业、中外合作企业、外商独资企业以及有外商投资的对外加工装配企业组成，即通常所说的三资企业。外企的用人理念与前两者有不小的差别，待遇较高，培训完善，这些企业有较强的社会责任，管理比较人性化，工作环境不错，但相应的，对雇员的要求很高，工作压力较大，工作不稳定。在外企就业，通常还需要适应外企特定的企业文化，英语要比较流利。

4. 公务员

从某个层次上，公务员与国企人员有相通之处，只是前者服务于国家机关，而后者服务于政府支持的企业。公务员的合同期最长，更加稳定，福利待遇也是较好的。报考公务员需要参加国家统一举行的公务员考试（可参考公务员考试网 http：//www.gwyksw.com/或 http：//www.gongwuyuan.com.cn/），大学生也可以留意地方政府的公务员考试和招聘信息。

实际上，还有考研和创业，也是一种就业。在整个主流文化中，创业并不被推崇至上。很多人也建议"先就业后创业"。然而，市场的洪流仍然推出一代弄潮儿。创业，意味着巨大的机会成本、巨大的风险以及潜在、优厚的回报，创业也构成了当今毕业出路上的一道独特风景线。

由于建筑环境与能源应用工程专业是一个应用型的专业，学生有较好的就业前景，最近几年一直是就业率最高的专业之一。同时，土木建筑类专业是未来的热门专业之一，在北美地区是毕业生起薪最高的专业之一，排在十大热门专业的第7位。又如，澳大利亚制冷空调技师面临全国性的人才短缺，在就业前景中属于最优先的级别。这几年一直列为紧缺移民职业范围，年龄较大或者刚工作没有工作经验加分的制冷空调技师都可移民到澳大利亚。再如，在英国，暖通空调专业维护管道的技术工人甚至拿到了年薪8万英镑的高薪，吸引了大量的白领转行。

随着国家能源和环境形势越来越严峻，建筑环境与能源应用工程领域的人才需求量越来越旺盛，本专业所培养的毕业生能够胜任和建筑环境与能源应用和服务相关的工作，适合在国内外设计院、研究所、建筑工程安装公司、物业管理公司、军队营房基地、高等院校、市政园林政府部门以及相关工业企业等单位从事设计、技术支持、经营、管理、监理、概预算等工作。图10-1为高校毕业生的工作去向（数据来源于上海理工大学）。

（1）进行设计工作

在建筑设计单位从事供暖、通风、制冷和空调设计；从事建筑给排水工程设计；从事建筑电气及智能建筑等方面的设计；也可以在制冷空调设备工程公司和设备制造企业从事建筑设备的设计和研发等工作，还可以在市政部门等从事燃气供应等设计工作。

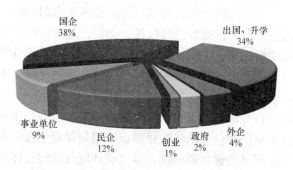

图10-1 某高校本专业的毕业生就业分析

（2）从事概、预算等造价工作

毕业生可以从事供暖、通风、空调、建筑给排水工程、建筑电气工程概决算和安装工程招投标等工作。

（3）从事施工管理和施工组织工作

在建筑安装工程公司（包括建筑消防工程公司）或房地产公司从事暖通空调、建筑给排水、建筑电气工程概决算和安装工程招标等工作。

（4）从事工程监理工作

建筑环境与能源应用工程专业的毕业生可以在质量检查部门（质量监督局、检测站）从事建筑与建筑设备的安装质检工作。在安装工程监理公司从事设备监理工作。

（5）从事建筑环境管理与建筑设备维护工作

本专业的毕业生可以对高级商厦、宾馆饭店、办公大楼、机场大厅、邮政大楼、会展中心、地铁、医院等大型民用建筑以及医药厂、卷烟厂、纺织厂、电子厂、冷冻厂等工业建筑以及一般的物业管理公司从事建筑环境与能源应用的管理与维护工作。

（6）销售与管理

本专业的毕业生也可以从事建筑设备、制冷、空调设备等产品（如中央空调和小型中央空调设备、冷却塔、给排水设备等）销售和售后服务及管理等工作。

（7）建筑能源环境评估与咨询

随着建筑能源与环境日益受到重视，越来越多的本专业毕业生可能从事建筑能源环境模拟、评估和咨询的相关工作，成为"建筑能源环境工程师"。这是一个新兴的行业和领域，具有很好的发展前景。

可以说，本专业在相当长一段时间内，人才需求有迅速增长的趋势，就业前景广阔，本专业相当多高校的初次就业率在95%，甚至达98%以上。但是，即使再好就业前景的专业，也未必能实现100%的就业，这就涉及个人素质。著名的跨国公司阿尔卡特人力资源总监认为："我们在选择学生的时候，最喜欢有很强的思考能力和主动积极性，有很敏锐的观察力，对客观事实的捕捉能力很强，态度严谨，思维活跃，并且有很好的逻辑性，同时也有较清晰的自我定位的人才"。

10.6 如何在大学修炼提升竞争力？

在介绍了上述5个重要问题后，最后谈谈如何在大学里浸润修炼，圆满完成学业，提升你的竞争力。

一个人从中学到大学，逐步迈入复杂的社会，真正开始学习如何面对竞争和合作、如何在社会上找准自己的位置、如何去实现自我全面发展的问题。大学阶段是人生的一个重要阶段，是人生成长、知识积累、能力培养和性格塑造的关键时期。在大学里，学生将接受专门教育，主要内容包括专业的基本理论和基本技术。此外，人的和谐发展与完善人格形成也需要专门的教育，需与大学人文环境相结合。大学不仅向学生传授专业的科学知识，还要讲授人文知识。大学是小舞台，但是也是人生的大舞台之一。如何利用好人生的这个专门舞台，学好专业知识，规划职业生涯，是每个学生成为一名全面发展的高级专门人才所必须解决的问题。对建筑环境与能源应用工程专业的学生来说，还必须关注和解决科学技术的发展给人类带来繁荣物质生活的背后所伴随的环境污染、生态破坏和资源枯竭等问题。为此，必须在专业和职业的社会活动中，培养环境和伦理的价值观，正确处理人与人、人与社会、人与自然的关系。

10.6.1 顺利完成人生第一次转型

刚进入大学阶段，是人生的"断奶期"，学习、生活方面面由自己做主，这是人生角色的第一次转型。因此，也容易发生一些问题，生理疾患、学习和就业压力、情感挫折、经济压力、家庭变故以及周边生活环境等诸多因素，是大学生产生心理问题的原因。这些问题累积起来，会发生非常大的危害。据报告显示，有超过60%的大学生存在中度以上的心理问题；华中科技大学对1010名大学生的自杀意念进行调查，结果发现有过轻生念头的学生占10.7%。大学阶段发生的主要问题有以下几个方面：

（1）心理失落感和自卑情绪：我国相当多的大学生在中学阶段都是佼佼者，大都习惯于领先和胜利。手捧通知书迈进校门时的基本心态更多的是自信和得意，然而，进入大学后，由于比较的参照系发生了变化，好比小池塘里威风惯了的小鱼游进了大海，没有任何的优势，原有的自信受到了不同程度的挑战。原来总是班里前几名，现在可能排到中游甚至下游了。另外，从农村进入繁华的都市，现代文明的强大冲击，使他们产生了精神眩晕，感到自卑。还有一些人看到其他人有的会弹琴、唱歌，有的会写诗、画画，有各种文体专长，兴趣爱好众多，待人接物成熟老练，相比之下，自己似乎一无所有，十分苍白，自卑感油然而生。因此，要正确看待个人的优势和弱点，保持良好的环境适应能力，包括正确认识大环境及处理个人和环境的关系，对这些优势的丧失要辩证地、客观地分析和对待。

（2）无法适应紧张的大学生活：在高中阶段，是以学习（分数）为中心，为了迎接高考，许多同学学习非常紧张。老师也经常加码，书本之外的活动几乎都被取消，高考的弦绷得不能再紧了。一些中学老师为了安慰和刺激同学，常说大学里学习很轻松，只要熬过高考关就好了。这使一些同学产生了不恰当的期望，甚至把考上大学作为人生的一个目的，进入大学就以为"船到码头车到站"了，以为大学学习是轻松自在的，对学习方面可能出现的问题毫无思想准备。事实上，一年级是基础课阶段，课程量虽不如高中，但也还是比较重的。一些一心想进大学喘口气、轻轻松松的同学，由于自身心态的原因一下子适应不了，加上大学学习方法方面的变化，顿感学习压力很大。甚至不堪重负，情绪一落千丈，整个生活变得灰暗起来，心情十分压抑。于是沉迷于网络游戏不能自拔，成天浑浑噩噩，翘课挂科成为常态。

（3）"问题"学生增多：大学扩招后，学生素质参差不齐，教师因材施教、因人施教的难度加大，教师所受的压力空前增加，而且由于社会的变化，贫困与自卑型学生、单亲家庭型学生、独生子女型学生、娇生惯养型的学生、骄奢淫逸型的学生大幅度上升。新生刚告别了熟悉的一切，来到了一个陌生的环境，一方面充满激情、自信和好奇，但青春期的特点又使内心很敏感和细腻，怕受伤害，不愿轻易表露自己，自我封闭倾向明显。内心愿望多，实际行动少，和周围人的关系大都不远不近、若即若离，总是希望别人先伸出友情之手。这样，不少同学感到，大学里知音难觅，缺少温暖，深感孤寂，于是十分怀念中学时光，产生一种怀旧情绪，甚至把自己沉浸在过去的思念中，每天与老同学、老朋友微信、QQ聊天，减退了投入新生活的勇气和热情。

综上，要顺利完成学业，尽快完成第一次角色转型非常重要。

10.6.2　学好专业知识是大学生的首务

大学生也是学生，首务当然还是学习，而专业知识是其最重要的内容。要学好专业知识，不虚度大学的美好时光，除了有良好的学习态度和动机外，科学的学习方法也是不可缺少的，好的学习方法可以起到"事半功倍"的效果。

1. 了解专业，培养志趣

本专业是一个经久不衰的朝阳专业。在新的形势下，专业有了新的内涵和发展方向，就业的广度有了新的拓展。不能从专业名称上来判断专业的好恶感，要尽快了解本专业的基本情况，确定可行的努力方向。要振作精神，尽快脱离高考的状态，不要沉浸在过去的喜悦或失意之中，一切从头开始，集中精力，迎接新的挑战。实践证明：是否培养了对专业的兴趣和爱好，学习的效果大不相同。就算真的对专业不感兴趣，也完全没有必要自暴自弃、唉声叹气，学习专业知识只是一个方面，能力培养才是最重要的；大学教育能够教给学生的是方法和能力，知识几年后也许就陈旧无用了，但方法和能力会伴你终身；你能把你并不感兴趣的知识学好，说明你的学习能力极强，你今后就可以信心满满地从事任何陌生的工作。大学生要培养的能力范围很广，主要包括自学能力、操作能力、研究能力、表达能力、组织能力、社交能力、查阅资料、选择参考书的能力、创造能力等。总之这些能力都是为将来在事业上奋飞作准备。正如爱因斯坦所说："高等教育必须重视培养学生具备会思考，探索问题的本领。人们解决世上的所有问题是用大脑的思维能力和智慧，而不是搬书本。"我们提倡"干什么，就爱什么"，但未必一定要"学什么就干什么"。具备了能力，就是不从事本专业的工作，也是大有前途的。

2. 要珍惜时间、做时间的主人

大学四年，既是漫长的，也是短暂的。如果利用得好，可以学很多东西，做很多事情，大学时间也将成为个人美好人生最重要的时期，为以后的人生辉煌奠定良好的基础。但是，如果不珍惜，这个时间"日月如梭"，大学时光一晃就过去了。因为没有良好定位和目标虚度大学时光的大学生太多了。某著名大学曾经有毕业生在毕业前夕痛苦地写道："大学四年，醉、生、梦、死各一年。"要想成就事业，必须珍惜时间。大学期间，除了上课、睡觉和集体活动之外，其余的时间机动性很大，科学地安排好时间对成就学业是很重要的。吴晗在《学习集》中说："掌握所有空闲的时间加以妥善利用。"一天即使多利用 1 小时，一年就积累 365 小时，四年就是 1400 多个小时，积零为整，时间就被征服了。因此，首先要安排好每日的作息时间表，哪段时间做什么，安排时要根据自己的身体和用脑习惯，在脑子最好用时干什么，脑子疲惫时安排干什么，做到既调整休息，又能搞一些其他的诸如文体活动等。一旦安排好时间表，就要严格执行，切忌拖拉和随意改变。养成今日事今日做的习惯。

3. 要制订科学的学习规划和计划，掌握学习的主动权

大学学习单凭勤奋和刻苦精神是远远不够的，只有掌握了学习规律，相应地制订出学习的规划和计划，才能有计划地逐步完成预定的学习目标。有人说过：没有规划的学习简直是荒唐的。因此，首先要根据学校的教学大纲，从个人的实际出发，根据总目标的要求，从战略角度制订出基本规划。如设想在大学自己要达到的目标，达到什么样的知识结构，学完哪些科目，培养哪几种能力等。大学新生制订整体计划是困难的，最好请教本专业的老师和求教高年级同学。先制订好一年级的整体计划，经过一年的实践，在熟悉了大学的特点之后，再完善四年的整体规划。其次要制订阶段性具体计划。如一个学期、一个月或一周的安排。这种计划主要是根据入学后自己的学习情况，适应程度，主要是学习的重点、学习时间的分配、学习方法如何调整、选择和使用什么教科书和参考书等。这种计划要遵照符合实际、切实可行、不断总结、适当调整的原则。

4. 讲究学习方法、掌握学习艺术

首先，必须做到课堂上认真听讲，提高课堂学习效率，要做到眼到、手到、心到，听、看、想、记全用；注意及时复习，找出难点、疑点，及时消化，及时解决；善于类比与联想，善于总结与对比，注意问题的典型性与代表性。起到举一反三的作用。但是，现在许多大学生依然习惯于"你说我听，你讲我背"。因此，读书时要做到以下 5 点：

第一、读、思结合，读书要深入思考，不能浮光掠影，不求甚解。

第二、读书不唯书、不读死书，理论与实际相结合，这样才能学到真知。

第三、在学习中，要注意对所学的知识进行分类，一般来讲可分为 3 类：①浏览和认知的知识，以掌握知识点，拓展知识面为主；②要求理解和熟悉的知识，以领会和熟悉为主；③属于掌握并能应用的层次，是必须重点掌握、熟透于胸并能自由运用的知识。

第四，注意和同学多交流，多讨论。讨论的好处是使学习的印象深刻，不容易忘记。而交流的好处是能用最短的时间学会人家的知识。

第五，多读一些与学业及自己的兴趣有关的书籍，既广泛地了解最新科学文化信息，又能深入地研究重要理论知识，还能了解社会的发展趋势和人才需求。

10.6.3 视野开阔、志存高远

1. 充分利用大学资源

一般大学图书馆具有丰富的馆藏图书，专业期刊等可供借阅，现在所有大学图书馆都对学生开放电子图书和期刊，非常方便查询阅读，充分利用图书馆资源可以大大开拓你的专业视野，同时极大地培养你获取有用信息资源的能力。

2. 了解国际国内学科专业发展动态

除与老师和高年级同学交流了解外，还可以从浏览图书馆的专业学术刊物及专业学术研讨会了解专业发展动态、最新研究成果，只要你输入关键词，就可以非常迅速地获得大量信息。

学术刊物是专家、学者和科技工作者进行学术交流的重要平台，很多学者和专家都会把最新的研究成果发表在这些学术刊物上，近年来，随着专业领域知识更新速度的加快，学术刊物的数量越来越多，质量越来越高，已成为本领域内重要的学习资源之一。比较有名的国际刊物有：①HVAC&R Research，②ASHRAE Journal；③ASHRAE IAQ Application；④Indoor and Built Environment；⑤International Journal of Heat and Mass Transfer；⑥Applied Thermal Engineering；⑦International Journal of Refrigeration；⑧Energy and Buildings；⑨International Journal of Heat and Fluid Flow；⑩Indoor Air。国内刊物有：①《制冷学报》；②《暖通空调》；③《建筑热能通风空调》；④《制冷空调与电力机械》；⑤《洁净与空调技术》；⑥《制冷与空调》；⑦《建筑节能》等。

专业学术会议是广大专家、学者、工程师等科技工作者面对面的学术交流形式。召开学术会议，既能够及时总结和交流学术领域的发展成就和研究方向，也能使参加者激发思想碰撞的火花，因而对科学研究工作非常有利。在信息迅速传播的今天，学术会议的频率将会进一步加大，对本领域的发展有更加突出的作用。国际学术会议一般由政府机关、行业协会、研究机构或大学举办，大规模、高规格的系列国际学术会议往往由全球各国相关机构轮流申办，吸引着世界各国顶尖的学者参加。国际上比较有影响的有：①ASHRAE Annual Meeting；②International Conference On Indoor Air and Climate；③International Congress of Refrigeration；④Cold Climate HVAC；⑤Indoor air quality, Ventilation and Energy Conservation in Buildings 等。比较有影响的国内学术会议有：①全国暖通空调制冷学术年会；②中国制冷年会；③全国制冷空调新技术研讨会；④中国节能、制冷、环保与可持续发展高层研讨会等。

3. 了解国际国内相关大学专业情况

建筑环境与能源应用工程专业高等教育的发展已有 100 多年的历史了。1985 年，当第一届世界供暖通风和空气调节大会在欧洲召开时，欧洲许多著名的大学正在庆祝他们建

立本专业100周年。

（1）美国

美国没有独立的本专业。本专业的内容大多分布在建筑系或机械系，有的三年制地方大学设有供热通风与空调工程专业，基础理论涉及不深，着重学习应用技术，学生毕业后在暖通空调行业就业，也可以进一步学习基础理论。美国实行学分制的大学在机械系的课程体系中设有暖通空调系统的相关理论，要求学习暖通空调课程前必须先修数学、物理、流体力学、工程热力学、传热学等课程。美国在该专业涉及的内容主要是暖通空调的冷热源设备，如制冷机、锅炉的构造原理和制造工艺等，而对本专业的工程系统设计涉及较少。所以，学生毕业后对机电一体化和新产品开发有较强的理解，这也是美国建筑设备制造业一直居于世界领先的原因。

美国的这种培养模式有如下特点：由于本科阶段实际只完成专业基础课程及设备相关的课程，接触专业课和系统相关的课程不多。因此，毕业生就业面较宽，可以到制冷设备生产企业工作，也可到其他部门工作。这些部门先对毕业生进行专业培训后才让其工作。

美国的培养模式也有致命的缺点：学生对建筑不甚了解，不知暖通空调系统如何与建筑结构相协调。因此，美国该专业的系统理论研究和技术发展不及欧洲和日本。近年来美国已经意识到这一问题，一些美国的著名高校，如麻省理工学院（MIT）、加州大学伯克利分校（UC Berkeley），都已设立了建筑技术（Building Technology）专业，专业范围与我国建筑环境与能源应用工程专业基本相同。目前，美国开设暖通空调类专业的高校有几十所，比较知名的有：①卡内基·梅隆大学；②乔治亚理工学院；③麻省理工学院；④俄克拉荷马州立大学；⑤宾夕法尼亚州立大学；⑥波特兰州立大学；⑦南达科他州立大学；⑧斯坦福大学；⑨德克萨斯A&M大学；⑩加利福尼亚大学伯克利分校；⑪迈阿密大学；⑫明尼苏达大学；⑬南佛罗里达大学；⑭威斯康星大学——麦迪逊分校等。

（2）西欧及北欧

英国、瑞典、丹麦等西欧及北欧国家的教学模式与美国的教学模式正好相反，学生大部分时间是学习专业课和系统相关的课程，设备相关内容不多。基础课学时压至最低限，提倡"够用为度"，其专业内容覆盖了所有形成建筑功能的环境设备系统（暖通空调、照明、音响等）和公共设施系统（供电、通信、消防、给排水、电梯等）。在专业教学中，暖通空调与建筑电气技术所占比例很大。在英国，教学质量被认可学校的该专业毕业生可在3年后成为"注册设备师"。瑞典、丹麦有几所著名大学设置此专业，学习内容和范围与中国基本相同。由于学校具有雄厚的研究力量和系统的人才培养模式，欧洲一直在本领域的研究和发展中处于领先地位。英国从事暖通空调教育最著名大学有：①诺丁汉大学；②雷丁大学等；丹麦的暖通空调教育也非常有名，开创室内舒适性技术研究先河的P. o. Fanger教授曾任职于丹麦技术大学。另外，丹麦技术大学是丹麦开设暖通空调专业最著名的大学，专业开设于机械工程系，主要的研究方向有：室内空气品质；室内环境参数选择对可感知空气品质与SBS（病态建筑综合症）和生产率的影响；建筑能量性能和室内环境的整体设计最优化；车辆内热气候的评价标准方法等。芬兰的阿尔托大学（Aalto University）也开设了暖通空调专业，这所大学的研究方向主要有：室内空气品质和能量使用效率的相互作用；建筑热行为和HVAC系统的计算建模；建筑能量系统新技术；区域供冷供热技术及其设备等。此外，比利时建筑研究学院的建筑物理和室内气候系，以及斯洛伐克工业大学的建筑设备系也比较有名。

(3) 日本

日本有 40 多所高校中设置本专业。1994 年日本空调和卫生工学学会专门组织了大范围的专业教学讨论，交流和确定了本专业教学内容与教学计划。日本的本专业（建筑设备）是作为 3 个研究方向（建筑学、建筑结构、建筑设备）之一设在大学的建筑系中。进入建筑系的所有学生一年级均开设"建筑环境工学概论"，二年级均开设"建筑环境工学"、"建筑设备"等课程，三年级以后选择专业方向，即建筑学，建筑结构，建筑设备 3 个方向。所以，日本的建筑设备专业与建筑结合紧密，他们的建筑设备工程系统设计也严谨完善。该教学模式使得学生对建筑的认识比较全面，对建筑及建筑设备系统有较深的理解，学生不仅有建筑的整体观念，而且还有建筑室内物理环境（包括声环境、光环境、热环境）的系统知识。因此，无论学生从事设计、施工，还是管理，都能比较好地处理建筑与建筑设备系统之间的各种关系，如建筑窗墙比、机房占地、技术夹层空间、运行节能、系统优化等。雄厚的研究力量加上系统的人才培养模式，使日本一直处于本专业领域的前列，尤其在空调领域的系统研究上已达世界领先水平。日本开设暖通空调专业比较有名的大学有：①东京大学；②鹿儿岛大学；③京都大学；④名古屋大学；⑤东北大学。

(4) 俄罗斯

俄罗斯的供热、供燃气与通风专业成立于 1928 年，是俄罗斯大学最早设立的专业之一，专业教育层次为本科，学制一般为 5 年。目前，他们的专业教育开设有 4 个专门方向：①供暖、通风与空气调节；②供热、供燃气与锅炉设备；③大气环境保护；④建筑能量管理。俄罗斯的专业教育特点在于综合性，供热、供燃气与通风系统是建筑物、构筑物中设备的主要部分。因此，尽管该专业在俄罗斯已有 70 多年历史，但专业主体变化不大。综合性的特点基本没有发生变化。近年来，他们的专业教育开始扩展到了大气环境保护方面。俄罗斯设立暖通空调专业的著名高校是莫斯科建筑大学。这所大学在能源利用与转换、燃气燃烧技术、暖通空调节能技术、室内空气质量等方面具有较强的实力。

而对于国内本专业的情况，在前面已有介绍，需要补充说明的是，虽然全国已有近 200 所高校开设了本专业，但具有从博士后流动站、博士、硕士及本科完整培养体系的并不多，除最早创办的"老八校"外，"985"大学有四川大学、华中科技大学和其余 10 余所高校。

通过上述渠道了解专业课堂以外的信息，可以大大开拓你的专业视野。无论对你本科毕业后就业，还是进一步考研、出国深造，全方位提升你的竞争力是大有裨益的。

10.6.4 做好执业考试准备提升竞争力

职业资格是对从事某一职业所必备的学识、技术和能力的基本要求。职业资格包括从业资格和执业资格。从业资格是指从事某一专业（工种）学识、技术和能力的起点标准；执业资格是政府对某些责任较大，社会通用性强，关系公共利益的专业实行准入控制，是依法独立开业或从事某一特定专业学识、技术和能力的必备标准。它通过考试方法取得。考试由国家定期举行，实行全国统一大纲、统一命题、统一组织、统一时间。执业资格实行注册登记制度。

也就是说，通过大学 4 年对本专业的学习，取得毕业证书，表明你就具备了本专业的基本知识、技术和能力，取得了在本专业从业的资格；但是，你还不具备在法定技术文件上的签字权，不具备独立的执业资格，要取得执业资格，还需要通过国家统一举行的资格考试。考试分为基础课考试和专业课考试，考试大纲和内容要求在住房和城乡建设部网站可以查询，这里不再赘述。

　　实际上，本专业的知识教学体系和能力培养体系与执业考试要求有密切关系，只要认真学好相关内容，并进行系统复习，是不难通过执业资格考试的。一旦通过执业资格考试，无疑就为你的职业生涯插上了腾飞的翅膀，竞争力大大加强。

参 考 文 献

[1] 天津大学. 建筑环境与能源应用工程专业概论. 北京：中国建筑工业出版社，2013.

[2] 范晓明. 建筑及其工程概论. 武汉：武汉理工大学出版社，2006.

[3] 张国强，李志生. 建筑环境与设备工程专业导论. 重庆：重庆大学出版社，2007.

[4] 左然，施明恒，王希麟. 可再生能源概论. 北京：机械工业出版社，2007.

[5] 王新泉. 建筑概论. 北京：机械工业出版社，2008.

[6] 龙恩深. 建筑能耗基因理论与建筑节能实践. 北京：科学出版社，2009.

[7] 龙恩深. 冷热源工程. 重庆大学出版社，2009.

[8] 曲云霞，张林华. 建筑环境与设备工程专业概论. 北京：中国建筑工业出版社，2010.

[9] 白莉. 建筑环境与设备工程专业概论. 北京：化学工业出版社，2010.

[10] 黄晨主编. 建筑环境学. 北京：机械工业出版社，2005.

[11] 高等学校建筑环境与设备工程学科专业指导委员会. 高等学校建筑环境与能源应用工程本科指导性专业规范. 北京：中国建筑工业出版社，2012.

[12] 朱颖心. 建筑环境学（第三版）. 北京：中国建筑工业出版社，2010.

[13] 仇保兴. 建筑节能与绿色建筑模型系统导论. 北京：中国建筑工业出版社，2010.

[14] 蔡增基，龙天渝. 流体力学泵与风机（第五版）. 北京：中国建筑工业出版社，2009.

[15] 付祥钊，肖益民. 流体输配管网（第三版）. 北京：中国建筑工业出版社，2009.

[16] 连之伟. 热质交换原理与设备（第二版）. 北京：中国建筑工业出版社，2006.

[17] 班广生，刘忠伟，余鹏. 建筑采暖与空调节能设计与实践. 北京：中国建筑工业出版社，2011.

[18] 陆亚骏，马景良，邹平华. 暖通空调（第二版）. 北京：中国建筑工业出版社，2011.

[19] 段常贵，燃气输配（第四版）. 北京：中国建筑工业出版社，2011.

[20] 金忠燮著，吴娅蕾译. 科学家讲故事 082 开尔文讲温度的故事. 云南：云南教育出版社，2012【6～8 本】.

[21] 蔡增基，龙天渝主编. 流体力学泵与风机（第四版）. 北京：中国建筑工业出版社，1999.

[22] 廉乐明主编. 工程热力学（第四版）. 北京：中国建筑工业出版社，1999.

[23] 赵荣义，范存养，薛殿华等编. 空气调节（第四版）. 北京：中国建筑工业出版社，2009.

[24] 梅胜，吴佐莲. 建筑节能技术. 郑州：黄河水利出版社，2013.

[25] 张志军，曹露春. 可再生能源与节能技术. 北京：中国电力出版社，2012.

[26] 白润波，孙勇. 绿色建筑节能技术与实例. 北京：化学工业出版社，2012.

[27] 赵嵩颖，张帅. 建筑节能新技术. 北京：化学工业出版社，2013.

[28] 余晓平. 建筑节能概论. 北京：北京大学出版社，2014.

[29] 汪建文. 可再生能源. 北京：机械工业出版社，2012.

[30] 王崇杰，蔡洪彬，薛一冰. 可再生能源利用技术. 北京：中国建材工业出版社，2014.

[31] 石惠娴，裴晓梅. 可再生能源传播导论. 北京：化学工业出版社，2011.

[32] 齐康. 可再生能源新技术. 银川：阳光出版社，2012.

[33] 温娟，孙贻超，张涛等. 新型生态城市系统构建技术. 北京：化学工业出版社，2013.

[34] 龙惟定，白玮，范蕊. 低碳城市的区域建筑能源规划. 北京：中国建筑工业出版社，2011.

[35] 杨沛儒. 生态城市主义. 北京：中国建筑工业出版社，2010.

[36] 郭怀成. 环境规划方法与应用. 北京：化学工业出版社，2006.

[37] 龙惟定，武涌. 建筑节能技术. 北京：中国建筑工业出版社，2009.

[38] GB 50736—2012《民用建筑供暖通风与空气调节设计规范》. 北京：中国建筑工业出版社，2012.

[39] GB 50189—2005《公共建筑节能设计标准》，北京：中国建筑工业出版社，2005.

[40] GB 50176—1993《民用建筑热工设计规范》，北京：中国标准出版社，1993.

[41] JGJ 134—2010《夏热冬冷地区居住建筑节能设计标准》，北京：中国建筑工业出版社，2010.

[42] JGJ 26—2010《严寒和寒冷地区居住建筑节能设计标准》，北京：中国建筑工业出版社，2000.

[43] JGJ 75—2012《夏热冬暖地区居住建筑节能设计标准》，北京：中国建筑工业出版社，2013.

[44] GB 50016—2014《建筑设计防火规范》，北京：中国计划出版社，2015.